Micro Reaction
Psychology

李娟娟 —— 著

心理学与微反应

1/25秒的微小动作，暴露了你真实的想法
观人于细微，辨人于无形，变身“超级测谎家”

畅销4版

U0829139

中国法制出版社
CHINA LEGAL PUBLISHING HOUSE

前言 PREFACE

与口头语言相比，身体语言是更古老，也更诚实的语言。它通过根深蒂固的本能反应来表达内心的真实情感和想法，因而比口头语言更加可信。但对很多人来说，身体语言仍然是一个陌生的符号系统，读懂身体语言似乎是心理学专家才具备的特长，或者是FBI特工洞察嫌疑人内心虚实的神秘武器，就像影视剧中常见的测谎仪或者超能力一样。

实际上，就像我们可以学会口头语言一样，掌握身体语言并没有想象中那么困难。在生活中，我们每天都在运用身体语言，露出一个微笑、皱一下眉头、挥挥手，这些都是基本的身体语言。当你与对面的人交流，或者与陌生人擦肩而过的时候，也会下意识地留意对方的身体语言——表情、身体姿势、手势、腿脚动作等，这是我们获取信息的可靠渠道。

现在，我们要做的就是更加深入、全面地了解身体语言系统，在交流中更加重视身体语言信号的解读，表达情绪和想法的时候巧妙地结合身体语言。当你能够轻松地看懂身体语言，娴熟地运用身体语言的时候，就可以向别人展现一个更加有魅力的自我，同时更加准确和透彻地理解对方的心理，减少工作和生活中的摩擦和误解，提高人际交往的效率。

一个身体语言高手自然也是一个沟通能手，它会让你在为人处世事中半功倍、游刃有余。

所以，我们策划和编写了这本书，作为身体语言的系列通俗读物。一个人的眼睛、嘴巴都在无声地说话，手脚动作、身体姿势都在传递微妙的信息，你接收到了吗？读懂了吗？翻开面前的这本书，对你一定有所帮助。

目录
CONTENTS

第一章

一举一动、一颦一笑
——身体在说话

提到语言，人们首先想到的是口头语言。除了口头语言，还有一种非常重要的语言，即身体语言。口头语言会因为不同的地区和文化而分成很多种类，而肢体语言却有一定的共同性。口头语言很容易伪装，因此生活中经常会听到各种谎言。然而，肢体语言却更为诚实。因此，本章将为你介绍肢体语言的起源、控制肢体语言的大脑等。

世界通用的语言——肢体语言

提到语言，人们首先想到的是用嘴说出来的话，也就是我们通常所说的口头语言。口头语言的分类有很多种，如汉语、英语、法语等。除了口头语言之外，还有一种非常重要的语言，那就是肢体语言。

那么，什么是肢体语言呢？肢体语言是指由身体的各种动作表达出一个人真实的内心世界。肢体语言的范围有广义和狭义之分。狭义的肢体语言，主要是通过身体以及四肢的动作来表达真实的内心世界。而广义的肢体语言则包括了目光和面部表情、身体与四肢动作、姿势、身体间的空间距离等。

口头语言会因为不同的地区和文化而分成很多种类，如不同国家的人所说的口头语言是不一样的。但是肢体语言有一定的共同性。

20 世纪 60 年代，美国心理学家艾克曼、福瑞森、瑟瑞森专门研究了五种不同文化氛围中人们的面部表情和一些基本的肢体动作。结果发现，人类的七种基本情绪和情感所呈现出来的面部表情是基本一致的。

通过这个研究结果我们可以得知，人的肢体语言是共同的，是跨越地区、文化、国家、种族的。无论是生活在欧洲的白种人，还是生活在亚洲的黄种人以及生活在非洲的黑种人；无论是受过高等教育的人，还是目不识丁的人；无论是生活在高度发达的现代文明社会中的人，还是生活在原始部落中的人，他们的肢体语言都是相通的。他们在表达自己的喜悦、悲伤、愤怒、轻蔑、厌恶、惊讶、恐惧这七种基本情绪和情感时，面部表情基本是一致的。

小男孩乔伊在8岁那年移民到美国，但是乔伊不会说英语。在移民美国后不久，乔伊就开始了学校生活。

刚刚到一个陌生环境中的乔伊虽然不会英语，但是他仍然能和周围的同龄人打成一片，关系很好。这是因为乔伊对人们的肢体语言比较敏感，他可以通过观察对方的肢体语言来判断对方是否喜欢自己。

例如，在他第一次走进教室的时候，乔伊通过同学们和老师的肢体反应，来判断老师和同学们对他的喜爱程度。乔伊认为，如果老师和同学们喜欢他或是对他感兴趣的话，那么他们就会轻挑自己的眉毛或是眉毛呈拱形，而且眼睛还会随之放大。乔伊同时认为，出现这种面部表情的人是一些比较友好和容易相处的人。而那些不友好或是不易相处的人，在面对新同学时，一般都会轻轻地斜视这个新来的人，乔治能够感觉到那种不友好的眼神。

因此，乔伊在课余时间，会主动找那些做出友好表情的同学玩耍。事实上，这些同学真的很好相处。这样一来，乔伊在新环境中很快和同学们建立了友谊并很快适应了新的环境。乔伊还和朋友们学习英语，让自己很快融入美国的生活环境中。

小孩子对人的肢体语言十分敏感，他们可以敏锐地感觉到一个人是否喜欢自己，事实上这就是一种对肢体语言的解读。因为在小孩子的眼中，人体就像一块画板，人们会通过自己的手势、身体姿势、面部表情和肢体动作等，描绘出自己的情绪和情感，而且都是真实的。

在现实生活中，我们常常发现那些还不会说话的婴幼儿在遇到陌生人时，有时会友好地张开手臂，让这个陌生人抱抱自己；但有时也会放声哭泣。这是因为他们从陌生人那些细微的肢体语言中敏锐地感觉到了对方是否喜欢自己。

原始的动物本能——肢体语言的起源

按照进化论的观点，现代人类是由原始人渐渐进化而来的。在人类还是原始人的时候，人们之间主要的交流手段就是肢体语言。

就像俄国文学家列夫·托尔斯泰所说："在人们处在半人半野兽的时候，是没有语言的。他们之间的交流主要是通过打手势或是发出一些声音，以表达出危险或友好的信号。总之，这些原始人就像我们现在的聋哑人一样，通过肢体动作来表达出自己的个人意愿。后来，这些手势动作和声音结合在一起，并从声音中创造出了词汇，于是人类语言就渐渐产生了。"

随着人类的发展，肢体上的交流已经远远不能满足人们之间交流的需要，于是口头语言就渐渐出现了。除了一些形象词汇之外，也出现了一些抽象词汇。大量的词汇满足了人们之间交流的需要。

从人类语言的发展历程中，我们可以得知，口头语言是一种人类社会化的产物，是人类社会发展的需要。而肢体语言是一种本能性的语言，具有先天遗传性，是我们生来就具有的。

尽管如此，有关肢体语言的来源一直存在着很大的分歧和争议。有的人认为，肢体语言是先天遗传的；有的人认为，肢体语言是由周围的社会文化环境所决定的；有的人认为，肢体语言是由先天遗传和后天环境共同决定的；也有的人认为，基本的肢体语言是先天遗传，但是特殊的肢体语言是后天习得的。

我们通过观察婴幼儿的表现可以发现有关人类语言的发展。我们之所以选择观察婴幼儿，是因为婴幼儿受到社会环境的影响较少。

婴幼儿在没有学会说话之前，他会用一些肢体语言来表达自己的喜好和需要。例如,当一个婴儿正在吃奶的时候,突然出现了吐舌头的动作，那就说明他已经吃饱了，不需要再吃了，因为吐舌头的动作表达出了他的满足。如果再喂下去，只会让婴儿感到厌恶。因此，吐舌头的动作被延伸为一种表达拒绝和厌恶的动作。

进化论的提出者达尔文认为，面部表情是灵长类动物与生俱来的，如一些猩猩和狒狒会出现各种各样的面部表情，以表达自己的情绪，而它们的面部表情中有许多都是和人类相似的。

微笑是人以及灵长类动物所具有的一种面部表情，可以说是一种先天性的表情。但是，也有人认为微笑的表情是在后天环境下形成的，因为微笑的表情有时候是虚假的，并不能真正表达出个人的心情。

然而，德国科学家艾贝乐 · 艾伯菲尔德的研究证明，微笑的面部表情是先天遗传的。因为我们不仅可以在正常的婴幼儿脸上发现表达快乐情绪的微笑表情，还可以在一些先天失聪和先天失明的婴幼儿脸上发现微笑的表情。由此看来，微笑的面部表情是先天遗传的。

此外，人类的肢体语言与动物还有许多相似之处。例如，在遇到危险的时候，人与动物的反应基本上没有什么差别。

当一只猴子遇到老虎的时候，它首先会愣住，然后很快做出逃跑的反应，但是当逃避不了时，它就会伸出自己的手臂和老虎搏斗，为自己赢得生存的机会。

同样地，当一个人正走在路上时，突然一辆汽车飞驰而来。面对这突然降临的危险，这个人也会像猴子一样先是愣住，然后做出逃跑的动作。如果汽车的速度太快，这个人来不及逃跑时，他就会伸出手臂去阻挡这辆即将撞击他身体的汽车，尽管他的这一行为是“螳臂当车”，但也是在为自己赢得生存的机会。

当动物出现攻击性行为时，主要都是用自己的四肢去攻击。人也是一样，当表示攻击时，人也会亮出自己的肢体，只不过人类的攻击行为比动物更隐蔽。例如，当一个人对另一个人有敌意时，他会跷起二郎腿，并把自己的脚尖对着对方。

肢体语言的指挥中心——我们的边缘大脑

大脑是人身体上最重要的器官，掌握着一个人所有的行为和想法。通常，我们认为人的大脑主要划分为两个区域，一个是左脑，另一个是右脑。1952 年，美国著名神经学专家保罗 · 麦克林提出，人的大脑主要划分为三个主要区域——“爬行虫类脑”（脑干）、“哺乳动物类脑”（边缘脑）和“人类大脑”（新皮质）。

保罗 · 麦克林认为，这三个大脑区域是人类在不断进化中的产物。其中，人的肢体语言主要被边缘脑所控制。

脑干主要控制着我们身体的一些基本生理功能，如呼吸和心跳等。所以，脑干是大脑中最勤奋的，每天都会不辞辛劳地工作 24 小时，即使人们处于深度睡眠状态中，依然在工作。当一个人的生命结束时，脑干才会结束它的工作。

边缘脑对于我们周围世界中任何刺激的反应都是条件式的，不加以任何理智的考虑，因此边缘脑的条件式反应都是真实的。

在人类大脑进化的过程中，新皮质是最后形成的，所以新皮质是最高级的。新皮质主要负责高级的认知和记忆功能。同时，新皮质也是人类身为高级动物的主要证明，因为只有人类才具有高级的新皮质大脑。正是因为有新皮质做基础，才有了人类逐渐发展的文明。虽然在人类的文明进步中，新皮质功不可没，但是新皮质也是“最爱说谎的大脑”，我们的谎言都是受新皮质的控制和授权的。

1999 年 12 月，美国海关工作人员在检查入境人员时，发现一名男子很不正常，他不仅神色紧张且一直在流汗。这只是一次很正常的检查，但是这名男子却这么紧张。

他的表现引起了工作人员的怀疑，于是对他提出进行进一步检查的要求。工作人员的这一要求自然遭到了男子的反对：“你为什么单单检查我的行李？”工作人员回答说：“因为我怀疑你的行李中有危险物品，会威胁到公共安全。”那名男子狡辩道：“我的行李中没有任何危险物品。”

果然，海关工作人员在这名男子的行李中检查出了炸药和定时引爆装置。于是，该男子因实施恐怖袭击的嫌疑被抓捕了。最后在审问中，这名男子终于交代了他的真实目的，他要炸毁洛杉矶机场，他的名字叫阿默德，是一名恐怖分子。

阿默德紧张的神色以及流汗的反应其实就是边缘脑在起作用，真实地反映出了阿默德紧张和恐惧的心理和情绪。

但是，在面对海关工作人员的质疑时，阿默德却辩称自己的行李中没有危险物品。后来的事实果然证明阿默德在撒谎。阿默德这一谎言行为就是被新皮质所控制的结果。因为阿默德的新皮质会通过计算做出对阿默德而言最有利的行为。

此外，边缘脑也是我们的情感中心，但是边缘脑中的情感反应通常都是极端的，所以反映出来的情感往往都很真实。

由于边缘脑主要控制着我们的肢体活动，而我们的肢体动作常常与生存密切联系，因此当人的生存面临威胁时，人的肢体就会出现三种反应——冻结反应、逃跑反应、攻击反应。这些反应通常是按照一定顺序进行的。以下的这则故事就是一个很好的说明。

在非洲大草原上，一匹斑马正在悠闲地吃草。突然，这匹斑马的所有动作似乎在一瞬间被冻结了。原来，斑马发现在不远处有一只体格雄壮的狮子正盯着自己，那是准备捕猎、垂涎欲滴的样子。于是，斑马感到自己的生存受到了威胁，所以第一反应才会出现冻结反应。

很快，这匹斑马撒腿就跑，这是逃跑反应。但是，狮子的奔跑速度实在太快了，斑马感到自己的逃跑行为已经不可能为自己赢得生存的机会。它决定奋力一搏，于是抬起蹄子踢向飞奔而来的狮子，这就是攻击反应。

虽然人类发展到今天，已经不会再像其他动物那样出现这么典型的反应。但是当人们感到自己受到威胁时，依然会出现类似的反应。需要注意的是，边缘脑中出现的这三种主要反应，通常会使人产生三种主要行为——对抗行为、阻断行为、安慰行为。

兽通人言，人懂兽语——人与动物交流的语言

小说《巴黎圣母院》是法国文学家维克多·雨果的代表作。在《巴黎圣母院》中，主人公是一个美貌的吉卜赛女郎，名字叫爱斯梅拉达。爱斯梅拉达有一只小山羊，这只小山羊不仅机敏，而且长得十分漂亮，一身雪白的毛，头上的两只角和四只蹄子都镀了金，还戴着一个镀金的项圈。

爱斯梅拉达十分宠爱这只小山羊，经常带着小山羊去巴黎圣母院前的广场卖艺。爱斯梅拉达除自己表演舞蹈外，还会让这只小山羊表演节目。这只小山羊有一个绝活儿——算术。只要爱斯梅拉达出一道简单的计算题，小山羊就会用自己的蹄子在地上敲几下，以给出答案。

当然，这只是小说中的情节。但是，这种颇有灵性的动物会出现在现实生活中吗？答案是肯定的，在20世纪初，德国出现了一匹会数数和做算术的马。

威廉·冯·奥斯滕是德国的一名中学教师，他是一个沉默寡言的人，

不喜欢人际交往,但是十分喜欢马。在奥斯滕退休后不久,他买了一匹马,并为这匹爱马取名为汉斯。

没过多久，奥斯滕和他的汉斯就成了德国人眼中的明星，因为奥斯滕的汉斯不仅会数数，还会进行一些简单的计算。

奥斯滕是一名退休的中学教师，或许是职业病的原因，奥斯滕竟然给自己的马上课。因为奥斯滕想知道，如果自己给马讲课，那么这匹马的思维能力会不会提高。

奥斯滕对这匹马的教育可以说是成功的。在奥斯滕的教育之下，这匹马很快就学会了数数。只要奥斯滕在黑板上写下一个数字，如“3”，并且大声读出这个数字，汉斯就会用自己的蹄子在地上敲三下。

渐渐地，经过奥斯滕和汉斯的共同努力，汉斯还学会了简单的计算，只要它的主人对它说出一道计算题，汉斯就会用蹄子在地上敲，而敲的次数就是这道计算题的最终答案，正确率很高。

这是真实发生的，不是小说中的场景。这匹名叫汉斯的马不仅引起了普通德国民众的注意和喜爱，还得到了许多动物学家和心理学家的高度关注，并试图对这种神奇的现象做出解释。

最终，柏林心理研究所的一位研究人员得到了答案。原来，每当主人奥斯滕大喊一个数字的时候，汉斯就好像得到了一个指令，于是开始用蹄子敲打地面，这时主人奥斯滕会做出一个细微的、不易被察觉的点头动作。当汉斯敲打地面的次数与所喊数字一致时，主人奥斯滕就会轻微地抬一下头，以表示对汉斯的赞赏。

这时，汉斯就会停止敲打地面。因为它已经通过主人的肢体动作确定了自己敲打地面的次数，主人这个微微抬起头的动作就是一个信号：

敲打地面的动作可以停止了。

汉斯的计算能力其实也是主人奥斯滕肢体语言命令的结果。例如，奥斯滕所出的计算题是：3+2=？汉斯就会开始用蹄子敲打地面，在汉斯刚开始敲打地面时，奥斯滕的面部表情会出现紧张的状态，如双唇紧闭和面部肌肉紧张。当汉斯蹄子敲打的次数到达五次的时候，奥斯滕紧张的面部表情会在一瞬间放松下来。

汉斯通过观察主人放松下来的面部表情，就知道自己可以停止敲打地面了。如此，汉斯成了马中的天才。

人与各种动物属于不同的物种，那么人与各种动物之间能进行交流吗？从以上这个真实的例子中我们可以得知，人与动物是可以交流的，而交流的工具是肢体语言。

被我们忽视的诚实语言——身体在说什么

婴幼儿在没有学会说话之前，都是通过肢体语言和外界进行交流的。但是，随着年龄的增长，人们渐渐学会了口头语言。所以在人与人的交流中，人们往往会把自己的注意力集中在对方的口头语言上，而忽略了肢体语言。

事实上，人的口头语言是一种很容易并且经常被伪装的语言。人们往往会因为维护自己的利益而说谎。这样一来，口头语言就成了一种阻碍人们交流的语言。

既然口头语言具有伪装性，那么在人际交往中，我们就应该学会如何识破口头语言的伪装。最好的办法就是学会观察对方的肢体语言。

著名心理学家弗洛伊德曾经接待过一位女性心理患者。这名女性在见到弗洛伊德时，就开始讲述她的婚姻有多幸福，她的丈夫对她是多么好……但是弗洛伊德注意到，这名女性在说话的时候一直不停地抚摸左手无名指上的戒指，而且还把戒指不停地摘下和戴上。

后来在弗洛伊德的耐心询问下，这名女性终于交代了实情。她告诉弗洛伊德，自己的婚姻生活其实并不幸福，并且面临着离婚，所以她感到很抑郁，她犹豫着到底要不要离婚。

虽然这名女性口中说自己的婚姻很幸福，但是一直不断地抚摸自己的结婚戒指，这就说明她在婚姻方面遇到了问题。而且，她不断地摘下来和戴上戒指的动作说明了她对这段婚姻能否继续维持下去感到犹豫。

人的肢体语言是诚实的，同时也具有“背叛性”。它总是诚实地表达出当事人真实的内心想法和感受，有时甚至会背叛当事人的主观愿望。例如，对于一个犯罪嫌疑人而言，他肯定会用一些口头语言说一些对自己有利的话，以免受到法律的制裁，但是他的肢体语言会背叛他的主观愿望。而警方就可以利用这些泄密的肢体语言来破案。

美国亚利桑那州曾经发生过一起强奸案，案发后不久，警方抓捕了一名年轻的犯罪嫌疑人，并很快对他开始审讯。

在审讯的过程中，这名年轻人表现得很镇定，在回答问题时也十分有说服力，他所说的话无不证明着他的无辜。

年轻人是这样告诉警方案发当晚他的行踪的：“我从来没有见过受害者。那天晚上我下班之后，就像往常一样沿着一块棉花地往前走，然后左转，最后直接回家了。”

但是，警察注意到当这个年轻人在说“左转”这个词汇时，他的手部出现了向右的姿势，正好和他所说的方向相反。而右转的方向正好是案发现场。于是，警方认定年轻人在说谎，在接下来的一番审讯中，这名年轻人终于承认了自己的罪行。

人既是一种会说谎的动物，也是一种诚实的动物。虽然人的口头语言总具有欺骗性，但人的肢体语言总是诚实的。

那么，肢体语言就一定是诚实的吗？当然不是。肢体语言的诚实性只是相对于口头语言而言的，也就是说肢体语言同样会有说谎的表现，如“假笑”的面部表情，就是一种典型的说谎性肢体语言。因为“假笑”的面部表情并不能说明一个人真实的内心想法。

尽管肢体语言也会出现撒谎的情况，但是在大多情况下，肢体语言都是诚实的。因为我们的肢体语言大多来源于第一反应，可以说是一种本能的反应，受到大脑中潜意识的控制，很难被我们的理智所掌控，因此很难进行伪装。

FBI 探员正在审问一名谋杀案的犯罪嫌疑人，这位犯罪嫌疑人有充足的证据证明自己案发当时不在场，而且说话的语气和所说的内容都十分诚恳，根本不像一名杀人犯。

于是，FBI 探员想出了一个办法，以测试这名犯罪嫌疑人是否真的说谎了。在犯罪嫌疑人的同意下，FBI 探员开始提问题。

FBI 探员所提的问题与杀人凶器有关，主要是观察当犯罪嫌疑人听到各种各样的杀人凶器时的具体反应以及他的肢体动作。

在 FBI 探员的提问中一共涉及了四种杀人凶器，如：“如果你参与了这起杀人案件，你会使用枪支杀人吗？”“如果你参与了这起杀人案件，你会使用刀子杀人吗？”“如果你参与了这起杀人案件，你会使用碎冰锥杀人吗？”“如果你参与了这起杀人案件，你会使用锤子杀人吗？”

在 FBI 探员所提到的杀人凶器中，“碎冰锥”就是这起杀人案件的作案工具。虽然这个信息早已公布，犯罪嫌疑人自然也知道。但是，当犯罪嫌疑人听到“碎冰锥”这个敏感的词语时，依然出现了不正常的肢体反应：他的眼皮很明显地耷拉下来，而且这一动作一直持续到下一种杀人凶器的名字出现为止。根据犯罪嫌疑人这一特殊反应，FBI 探员认定，此人的犯罪嫌疑最大。结果最终也证明了 FBI 探员的猜测，此人就是杀人凶手。

第二章

打开心灵的窗户

——从眼睛进入真实的内心

眼睛是人类心灵的窗户，所以一个人的眼神和眼部动作往往可以表达出其内心世界的真实想法。本章将为你介绍如何通过观察对方眨眼、眼球转动的方向、瞳孔的放大与缩小、转移的目光等，来判断对方的真实想法。

视觉阻断——眼睛的自我保护动作

波多黎各一家旅馆曾经发生过一场伤亡惨重的火灾，这场火灾不仅造成了巨大的财产损失，并且导致97人丧生。接到报案后，美国联邦调查局很快开始进行调查。

FBI探员经过调查认为，这场火灾并不是意外事故，而是有人故意纵火。因此，探员开始着手调查那些有嫌疑的人。通过一番调查后，发现旅馆的保安成了嫌疑最大的人。

FBI探员询问了许多细节方面的问题，如旅馆失火前后保安身在何处，与什么人在一起等。这名保安似乎早有准备，他回答问题的语言结构十分严密，充分证明了火灾的发生与他一点儿关系也没有。

不过，这名保安没有注意到的是，除了一直审问他的两名FBI探员之外，还有一名一言不发的FBI探员。这位探员的任务也是审讯，但是他的审讯方式是观察犯罪嫌疑人是否说谎。可是，怎么才能证明一个人是否说谎了呢？

这位探员的方式就是观察对方的肢体语言，因为FBI探员的工作经验告诉他们，人们口中说出来的话会受到大脑思维的控制，换句话说，人们可以根据自身的利益需要而说出一些对自己有益的谎话。然而，肢体动作往往会诚实地表达出一个人内心的真实想法。而这些肢体动作实际上就是另一种语言，一种无声的语言，但是没有谎言的成分。

FBI探员仔细观察保安在回答问题时的所有肢体语言，尤其是保安的面部表情，希望能发现一些泄露保安内心秘密的信号。

一名FBI探员问道："火灾发生的时候，你在什么地方？"

保安说："我当然在值班，那是我的职责。"问题回答得滴水不漏，但是他的眼睛证明了他在说谎。因为FBI探员发现，他的眼睛眨动了一下，尽管只是一瞬间，但是敏锐的FBI探员还是捕捉到了这个细微的变化。

FBI探员之所以能够肯定保安在说谎还有一个重要的依据，那就是保安在回答其他问题时的表情反应。保安在回答其他问题时，眼神很坚定，而且眼睛也没有出现眨动的迹象。种种迹象足以说明保安在说谎。

接下来，FBI探员把审讯的重点放在不在场的证明上。经过轮番轰炸式的审问，保安终于说出实情，在纵火案发生期间，保安的确没有坚守在自己的岗位上，而是与在旅馆工作的女朋友待在一起。但是，这也不能表明保安就是纵火犯。

后来，FBI探员根据保安所提供的线索进行调查，终于抓捕了三名纵火犯。尽管保安并不是纵火犯，但是纵火案的发生与他脱不了关系，因为纵火犯正是趁着保安不在岗时实施纵火的。

在这起案件中，保安的眨眼动作是一条重要的破案线索。正是因为这个动作，FBI探员才确定保安在撒谎，因而有针对性地继续审讯，并发现了许多新的线索，进而顺利破案，抓捕了三名纵火犯。

眨眼的动作被称为"视觉阻断"，是一种非言语行为。通常情况下，当人们遇到自己不喜欢的事物，或是感觉自己受到威胁的时候，就会出现视觉阻断的动作。保安面对审讯中的问题，在撒谎的时候眨眼就是一种下意识的自我保护动作，希望借此暂时摆脱眼前的威胁。当然，这种视觉阻断不仅仅是指眨眼这一个动作，眯起眼睛、闭上眼睛或是遮挡眼睛等动作也都属于视觉阻断。

视觉阻断实际上就是一种自我保护的行为，因为人们总是不希望看到厌恶或是对自己有威胁的事物，但是又没有办法回避的时候，就会采用暂时阻断视线的动作，也就是视觉阻断。

例如，当一个人非常伤心想哭的时候，他所处的环境却不允许他随意掉眼泪，他便会采用迅速眨眼的方式来遏制眼泪流下来。实际上这也是自我保护的一种表现，或许他认为在众人面前流眼泪是一种软弱的行为，于是他采用眨眼来掩饰自己内心的软弱。不把自己软弱的一面展现给大家，总是伪装成一副非常坚强的模样，就是因为他认为软弱的表现是一种威胁，他不喜欢表现出自己软弱的一面。

有时候，视觉阻断行为不单单是眼部的反应，有些人在面临巨大的压力时，会闭上眼睛，然后用手遮挡自己的眼部。如果出现了这种动作，那就说明这个人面临着很大的压力，他想逃离这种困境，但是不得已必须留下来面对，所以就采用了视觉阻断的行为来自欺欺人。

2011年，日本发生了严重的地震海啸，遭受了重大的生命财产损失，政府需要投入大量的资金进行重建。与此同时，日本还被核泄漏事故和经济低迷等严峻的问题困扰着。

当时的日本首相菅直人面对种种难题，其压力之大可想而知。而且，由于他的处理方式并没有收到立竿见影的效果，所以遭到了许多日本人的怀疑。

不久之后，日本的自由民主党、公明党和奋起党联合起来向日本国会众议院提交了一份专门针对菅直人的议案，他们认为菅直人不具有解决目前日本所面临困境的能力。

众议院当众宣读该议案的时候，菅直人做出了明显的视觉阻断的肢体动作，他用手扶着额头，挡住了一只眼睛。最后，这个不信任议案并没有通过。

从菅直人的视觉阻断行为中，我们可以看出菅直人内心的真实想法。面对日本所面临的重重困境，菅直人本来就面临巨大的心理压力。尽管他已经努力地采取措施解决，但是并没有取得明显的效果。于是，日本人开始怀疑菅直人的能力，这使得菅直人的心理压力更大。所以在参加会议的时候，菅直人不想面对这种糟糕的情况，但是碍于他的首相身份，他又不得不去面对。这时出现的视觉阻断行为代表了他内心真实的想法。

有时候，眨眼的动作也不一定全是视觉阻断，或许只是为了掩饰内心的尴尬或者惊讶之情。

第二次世界大战期间，英国前首相温斯顿·丘吉尔的夫人克莱曼蒂曾经收到过许多来自苏联的信，这些信都是来自苏联普通的家庭妇女，她们希望能够通过克莱曼蒂让丘吉尔出兵帮助苏联对抗德国。

这些信果然激发了克莱曼蒂的怜悯之心，于是克莱曼蒂向丘吉尔求助，希望丘吉尔可以帮助苏联。但是丘吉尔十分为难，因为当时英国的局势也十分紧张。丘吉尔对妻子说：“我也做不到，因为我没有能力单独开辟第二战场，把在德国的兵力分散到其他国家。而且，我也不能冒险把英吉利海峡变成一片血海。”

在克莱曼蒂的再三请求下，丘吉尔说：“我所能做到的就是让英国空军在法国（法国已经被德国占领）上空进行挑衅，这样德国空军就会从苏联上空撤离一部分，从而减轻苏联空军的压力。但是这样一来，英国就会牺牲上千名飞行员以及上千架飞机。”

无奈之下，克莱曼蒂只好号召英国的妇女们准备一些战用物资去支援苏联，并且写信鼓励苏联人民，她还创立了援苏基金会。

后来“二战”胜利后，斯大林为了表示感谢，专门写信邀请克莱曼蒂来苏联参加胜利庆典。在第一次见到克莱曼蒂的时候，斯大林为克莱曼蒂端庄秀丽的容颜感到惊讶。斯大林曾经见过丘吉尔，他知道丘吉尔长得并不英俊，所以他一厢情愿地认为丘吉尔的妻子肯定也长相一般。但初次的见面打破了他的假设。

为了掩饰自己的惊讶,他眨了眨眼睛,很好地掩饰了内心的真实想法。之后的一切充分显示，斯大林对这位来自英国的尊贵女士还是很有好感的，而这种好感除了因为克莱曼蒂给予苏联的帮助以外，更大程度上是源于第一次见面时产生的好印象。斯大林的惊讶表情已经充分说明了这一点，尽管他用眨眼的动作掩饰了内心的想法。

在克莱曼蒂离开苏联之前，她接到了斯大林的礼物——一枚钻石戒指。随从还捎来了斯大林的口信：“夫人，这枚钻石戒指不是一件装饰品，而是一件信物。您是我信任的第一个英国人，祝您一路平安。”

上下左右——眼球转动的秘密

眼睛是人类心灵的窗户，所以一个人的眼神和眼部动作往往会表达出一个人内心真实的想法。在观察一个人的眼睛时，可以把重点放在这个人的眼球上，也就是通过眼球的转动来揣测这个人真实的内心活动。

人的眼球就好像摄像机的摄像头一样。当摄像头转动到不同位置时，我们可以通过摄像头看到不同的景色。而人的眼球也是如此，当眼球转动到不同位置时，这个人就会看到不同的情景。

摄像头转动与人眼球的转动尽管有许多相似之处，但还是存在着很大的差异。因为摄像头只是单纯地显示画面，而眼球除了能把所看到的情景反映在头脑中以外，还会受到大脑刺激，从而出现不同的变化，如眼球的转动方位不一样，所反映的内心活动也不一样。也就是说，人的眼球除了帮助人们观察事物之外，还担负着另一项任务，那就是诚实地反映个体的内心活动。而我们就能够通过观察这个人眼球的转动方向来推测其心理产生了哪些变化。

1. 眼球位于眼睛中央，会给人一种坚定和自信的感觉，同时也说明这个人的思维活动停留在目前、当下。例如，当一个人照相的时候，眼球总是处于中间，这说明此人的思维活动停留在目前照相的活动上。

当一个人准备做某种决定的时候，我们可以注意到，这个人的眼球不仅停留在眼睛中央，而且一动不动。如果遇到这种情况，那么就说明此人正在果断地做决定。

2. 眼球转向眼睛的左侧（这里的左侧指的是被观察者的左侧，而不是观察者的左侧），说明这个人的思维正停留在对过去的回忆中。例如，当你去买东西的时候，有些服务员会向你推荐某种畅销产品，可是我们到底应该怎么做，才能知道这个服务员有没有说谎，是不是在欺骗消费者呢？你可以问服务员："既然你说这种产品卖得好，那么今天一共卖出了多少？"在提出问题后，你可以仔细观察服务员眼球的转动状态。如果这名服务员的眼球没有出现转动的迹象，而是直接给出一个答案，那么证明这个服务员十有八九是在说谎。

为什么呢？因为你的问题会让服务员陷入对过去的回忆之中，也就是说他的大脑思维正停留在对过去销售情况回忆的状态中，而他的眼球应该出现向左侧转动的动作才对。但是，服务员根本没有转动眼球，那就说明他根本没有进行回忆，就随意给了你一个答案。如果服务员的眼球向左侧转动，那便说明他确实是在思考你的问题："今天一共卖出去了多少？"这就说明他的回答可能是真实的。

研究结果显示，回忆过去问题的难度与眼球向左侧转动的时间与幅度成正比。如果是在回忆刚刚发生的事情，人们往往不需要思索就可以回答上来，所以人的眼球不会出现转动的迹象。

如果你所提的问题涉及对方很久以前的回忆，那么这个人眼球向左转动的幅度会很大，而且停留的时间也比较长。如果你所提的问题属于这种类型，而对方的眼球没有出现任何变化，就迅速地回答出了你的问题，这就说明此人事先已经准备好了标准答案，因而有说谎的嫌疑。

3. 眼球向右侧转动，说明这个人的思维活动停留在对未来的展望上，同时也表示推理、计算和思考等思维活动。

如果一个人在回答你所提出的问题时，需要对过去的情况进行回忆后才能回答，而他的眼球却出现了先向左侧转动，然后又向右侧转动的情况，说明这个人极有可能在撒谎。

王鑫去参加一家医院的收购谈判，对方是一家即将被收购的小型医院，根据王鑫的了解，这家小医院经营状况十分差劲。但是在与医院的老板进行谈判的时候，王鑫似乎怀疑自己调查到的信息是虚假的，因为医院老板制造了许多假象来迷惑王鑫，让王鑫误以为对方的医院其实经营得很好，并且每年都可以获利良多。

于是，王鑫问了老板这样一个问题："那你刚经营这家医院的时候，每年的纯利润平均大概是多少万元？"提完问题之后，王鑫便开始观察老板眼球转动的情况。王鑫发现老板的眼球首先朝着左侧转动了一下，这说明他正在回忆医院当时的纯利润收入；然后眼球又开始向右侧转动，这说明他已经回忆完毕，可能是真实的结果不太满意，便开始思索一个令人满意的、虚假的数字。

不一会儿，医院的老板回答道："每年大约两百多万元。"王鑫立刻认定这个人在说谎，但是他并没有当面拆穿："您报的价位是不是太高了？我想知道真实的盈利情况。"于是在一番谈判之后，医院的老板终于说出了实情，王鑫也以一个较为合理的价格成功收购了这家医院。

眼球的转动方向可以真实地反映一个人的心理活动，同时也有助于我们判断这个人是否在说谎。如果你问一个人过去的事情，按照常理，他的眼球应该向左侧转动，但是他眼球的转动方向正好相反，那么就说明这个人的思维根本不是在回忆，而是在说谎或是表里不一。

4. 眼球向上转动，说明这个人的思维活动和向右侧转动是一样的，但是比向右侧转动更深刻一些，也就是说这个人说谎的嫌疑更大。当然，眼球向上转动也不一定表明这个人就是在说谎，也可能是这个人在思考和判断一些问题。例如，一个学生在背课文的时候，突然中断了，就会出现眼球向上转动的动作，那只能说明他在思考所要背诵的内容到底是什么而已。

但是，如果在人际交往中出现了眼球向上转动的情况，那就说明这个人接下来所说的话是违心的，和他内心的真实想法是不一致的，他在对你撒谎。而且，眼球向上转动也是对人的一种不尊重和不欢迎。

有一天，在火车上发生了一场激烈的争执。争执的源头是一个人把脚放在前排一位女士的头的上方。起初，这位女士礼貌地让他把脚放下，因为这是公共场合。

但是，这个人不仅没有放下脚，反而辱骂这位女士，最后两个人发生了激烈的争吵。争执招来了乘警，乘警在了解到这个人是一位小有名气的网络红人后，便劝这位女士要息事宁人。

很快，这件事情闹得沸沸扬扬。无奈之下，这个红人只好公开向那位女士道歉。在这个道歉视频中，他出现了眼球向上转动的情况。

这位红人说："我为自己的行为感到后悔，我向这位女士和大家道歉。"在说完这句话不久，他的眼球向上翻动了一下，但是很快恢复了正常。在接下来的视频中，他的眼球一直处于中央，没有再出现向上转动的情况。这一肢体语言充分说明了他内心的真实想法。

这位红人只是迫于外界的舆论压力才公开道歉的，实际上他心里一点儿也不认为自己做错了，他的道歉不真诚，也缺乏对公众应有的尊重。当然，他的不真诚也被大家感受到了，因此，虽然他已经公开道歉，但是大家并没有接受，依然很厌恶他。

5. 眼球向下转动，也就是我们通常所说的垂下眼皮。当一个人意识到自己做错事时，会因为羞愧和不好意思而出现这种肢体语言。我们可以通过这个肢体语言检查对方是否真的意识到了自己的错误，也可以发现一些新的线索，如一个人有一些见不得人的秘密，不想让人知道。

张慧去参加大学同学聚会，其间不知道是谁提起了第三者的话题，大家开始探讨起来。因为这几个女性的观点都比较传统，所以大家一致谴责第三者。但是，张慧意外地发现其中一个同学的眼球向下转动，时间很短暂，之后她抬起头来加入了大家的讨论。

不久之后，张慧听说这个同学也是一个第三者。在这个同学的心中，当第三者自然是一件不光彩的事情，她也为这个身份感到羞愧，所以当其他人提出“第三者”这个名词的时候，她首先想到了自己，并且为自己的行为感到惭愧，因此才会下意识地做出眼球向下转动的动作。

一个人眼球的转动主要受到大脑神经系统的掌控，基本上没有理智可言。也就是说，眼球转动完全是无意识的。尽管有人了解这方面的常识，也很难长时间自觉地控制自己眼球转动的方向。也就是说，眼球的转动往往能表达一个人内心的真实想法，很难伪装。即使伪装，也是短暂的。

在观察对方眼球的转动时一定要细心，因为眼球转动维持的时间往往很短暂，大约不会超过一秒，如果不细心的话，根本就观察不到。

一闪即逝的瞬间——瞳孔变化

1989 年，美国联邦调查局抓捕了一名间谍。这名间谍十分忠诚，FBI 探员用了许多办法也没能从他的口中得到一点儿有价值的信息。看来，培养这名间谍的组织应该花费了不少精力，否则也不可能培养出这么优秀和忠诚的间谍。

尽管 FBI 探员经过这几天的审讯，已经得知这名间谍早就做好了牺牲自己以成全自己国家和人民的决定，但是 FBI 探员依然不愿意放弃。如果这个间谍的同伙不抓捕归案，那么他们的存在对美国的国土安全将是一个潜在的巨大威胁，就好像一颗定时炸弹一样。

情报分析师马克·瑞瑟建议负责审讯的 FBI 探员，可以试着从这名间谍的非言语行为下手。因为一个人的非言语行为不仅很难受到自身的控制，而且还能透露出许多有价值的信息。

于是，FBI 探员决定把已经收集到的犯罪嫌疑人的照片让这名间谍逐一观看，然后从间谍的反应中寻找有价值的线索。FBI 探员在一次审讯过后，向这名间谍提供了 32 张精心挑选的照片，里面极有可能包括这名间谍的同伙。

接下来，FBI探员要求间谍观看这32张照片，并且在观看的过程中叙述他所知道的照片上的人的信息。其实FBI探员并不关心间谍所说的内容，因为探员知道他根本不可能说出真相。FBI探员只是为了观察这名间谍的非言语行为。

FBI探员注意到，当这名间谍看到这32张照片中的两个人时，眼睛突然睁大，瞳孔迅速收缩，并且轻轻地眯上眼睛。虽然这一过程非常短暂，但是还是被FBI探员敏锐地捕捉到了。

从间谍的反应中，FBI探员分析，这名间谍在初次见到这两个人的照片时，眼睛突然睁大，说明他很吃惊，他没有想到自己会看到这两个人；接着瞳孔出现了缩小的状态，说明在间谍的潜意识中并不想看到这两个人，因为他不想让他们也暴露，这样不利于他们完成任务。最终，FBI探员通过对间谍眼球运动的分析，抓获了他的两名同伙。

通常，当人们看到自己不喜欢或是讨厌的事物时，瞳孔会无意识地缩小。而这名间谍之所以会眯起眼睛，既可以理解为视觉阻断，因为他不想看到自己不愿意看到的事物；也可以理解为一种掩饰动作，可能他也注意到了自己的失态，所以用眯眼的动作来掩饰自己的内心活动。

于是，这两个人的照片成了FBI探员破案的重要线索，最终他的两名同伙被抓捕归案了。这两名同伙明显没有那名间谍忠诚，因为经过FBI探员的一番审问，两人立刻如实地交代了自己的行动计划。而那名间谍一直不知道，FBI探员到底是从哪里下手找到破案线索的。

瞳孔的变化与人的心理活动密切相关，可以直接反映一个人内心的喜好与厌恶等心理状态。例如，让10个人不吃不喝一整天，而另外10个人吃饱喝足。然后把这20个人安排在一个房间内，这个房间中有一张摆放着各种美食的大桌子。结果，实验人员发现一整天不吃不喝的10个人的瞳孔明显比饱餐的10个人放大了2倍到5倍。

实验人员还注意到，在这10个饥饿的人当中，有的人会直勾勾地盯着餐桌上的美食；而有些人为了表现得更得体一些，会尽量不去看餐桌上的美食，而是把目光转移到房间的其他地方。尽管如此，实验人员依然可以通过他们瞳孔的变化来窥探这些人的内心世界。虽然这些人极力隐藏自己对美食的渴望，但是他们瞳孔的变化早已出卖了他们。他们的瞳孔明显扩大了很多倍，说明他们十分渴望美食，对桌子上的美食充满了兴趣。

人的瞳孔会随着光线的强弱而变化，当光线的外界因素被排除后，一个人瞳孔的变化往往能真实地反映一个人的内心变化。

由于人的瞳孔变化受到神经系统的直接支配，因此无法掩饰，最能真实地反映一个人的内心。通过观察瞳孔的变化，是揣测一个人内心活动最直接和最有效的方法。

例如，当一个人得到了一笔巨额的意外之财，他的内心很兴奋，但是为了掩饰自己喜悦的情绪，他装作很镇定的样子。表面上看，他的确很平静。但是，如果你注意观察他的瞳孔，你就会发现他的瞳孔比正常人扩大了。这才是他内心的真实想法，他很高兴、很兴奋，所以瞳孔才会扩大。

需要注意的是，当你观察一个人的瞳孔和眼睛的时候，最好不要维持目不转睛的状态去观察，因为你那直勾勾的目光会让对方感到很不舒服。

美国一所著名大学曾经做过一项实验。实验中，参与者被安排站在一个十字路口，他们的任务就是目不转睛地盯着那些等待绿灯的行人。实验结果是，当那些行人意识到有人目不转睛地盯着自己时，就有一种想要逃离的反应，所以当交通指示灯变成绿色的时候，行人们会加快脚步，匆忙地穿过马路，从而逃离目不转睛的目光。

这个实验充分说明，所有人都不喜欢自己被他人直勾勾地看着，因为这会让人有一种受到威胁和不安全的感觉。而且，直勾勾的目光还会给对方造成一种无形的压力，如在警察审讯犯罪嫌疑人的时候，通常都会用愤怒的眼神目不转睛地盯着犯罪嫌疑人。这样一来，犯罪嫌疑人就会感觉到一种无形的压力和威胁，从而如实交代犯罪过程。

所以，当我们和他人进行交谈的时候，要直视对方的眼睛，因为这不但表明你尊重对方，而且还可以观察对方的反应。但是，也要注意不可以把这种直视转变成一种直勾勾的目不转睛。

想要合理地掌握直视与目不转睛之间的微妙差别，就必须学会把握你目视对方的时间。如果你目视对方的时间过长，就会让对方感到不自在。但是如果目视的时间过短，对方又会认为你不尊重他，而且你也无法仔细观察对方的眼睛和瞳孔的变化。

哈佛大学心理学教授奥克斯林认为，当两个人交谈的时候，目视对方的时间最好是谈话时间的一半。因为只有相爱者或是仇恨和畏惧对方的人，才会长时间地盯着对方看。

不过，这个时间的长短也不一定正好是谈话时间的一半，有起伏也很正常。例如，西方人比较直接，所以盯着对方的时间会长一点；而东方人比较含蓄，所以盯着对方的时间会短一点。

我们除了可以通过观察对方瞳孔的扩大与缩小和眼睛的睁大与眯起，来判断对方对自己是否有好感之外，还可以通过睁大眼睛和扩大瞳孔来赢得对方的好感与喜爱。因为当你睁大眼睛和扩大瞳孔时，对方也可以感觉到你的好意，从而萌生好感。

经过调查发现，瞳孔扩大的女性往往更受欢迎。所以在日常生活中，有不少女性为了吸引人们的眼球，也为了让自己变得更漂亮和迷人，会刻意扩大自己的瞳孔。我们知道瞳孔的扩大与缩小直接受到神经系统的控制，所以想要用理智控制几乎是做不到的。

他在想什么——转移的目光

眼睛是人类心灵的窗口，心理学家也认为眼睛能够充分表达出一个人的感情和意向。在人与人的交流过程中，目光之间的接触是一种常见的现象。目光的相互接触能够促进两人之间的关系。

但是，在现实生活中，我们经常会遇到这种情况，当你把目光投向某个人的时候，那个人却把目光转移到其他地方，这时你会感到很沮丧。

当一个人当众演讲的时候，虽然他一直在滔滔不绝地发表言论，但实际上他会通过目光一直和台下的听众交流和互动。演讲者一边演讲，一边把目光投向台下的某个听众。如果这个听众的目光能和演讲者的目光触碰到一起，并没有躲闪和转移，而且很坚定的话，那么这个演讲者就会从听众的目光中得到信心，因为这说明听众在认真听他演讲，而且很认同他的言论。

但是，如果听众在触碰到演讲者的目光时，马上转移了目光，那么，这种避开眼神交流的方式会让演讲者感到沮丧，因为他的演讲没有得到回应。

这种演讲中眼神交流的方式有着文化背景的区别。在我国，当一个人在听演讲时，回避演讲者的眼神是一种礼貌性的表现，表达了听众对演讲者谦逊的态度。但是，回避眼神的行为在西方国家并不礼貌。因为在西方国家，如果当演讲者把目光投向听众时，听众直视着演讲者的目光，说明他们在认真听演讲；如果听众转移了目光，则会让演讲者有一种被忽视的感觉。

那么，当一个人出现目光转移的行为时，到底反映了他什么样的心理变化呢？

英国斯特林大学的博士威妮丝·多尔蒂·史尼登曾经在英国经济和社会研究所的资助下，专门对目光转移的现象进行了实验研究。

史尼登选择了 230 名不同年龄阶段的学生参加实验。首先，实验人员对 4 ~ 6 岁的孩子提出一些问题，然后观察这些孩子在回答问题之前的行为反应。实验人员发现，当他向这些孩子提出一些难度较大或是较为陌生的问题时，他们通常都会把目光转移到其他地方，似乎在努力思考问题的答案。而实验人员所提的问题对这些孩子来说是简单的或是熟悉的，也就是说不用过多思考就可以给出答案的问题，这些孩子在回答之前转移目光的次数就会大大减少。

这个实验结果说明，目光的转移与大脑的思考有关。那么，是不是转移目光可以提高人的注意力，从而帮助人们思考问题呢？

实验人员又对一些年龄较大的孩子进行了实验，这些孩子的年龄为

5～8岁。结果发现：这些孩子在思考一些比较困难的问题时，其转移目光的远近与问题的难度呈正比。也就是说，当问题越困难时，孩子们会把目光转移到越远的地方。

最终，史尼登博士得出了这样一个结论，目光的转移有利于集中注意力。所以，一些老师和家长在与孩子的交流中，如果发现孩子出现了目光转移的行为，不要打断他们，因为此时他们正在思考问题。

老师在上课的时候，总是习惯提醒那些看着窗外发呆的学生集中注意力听讲，并认为那些集中目光看着自己的学生在认真听讲。实际上，这是一种误区。如果一个人一直长时间地盯着某个人，他是不可能进行思考的。当他出现了目光转移，则说明他开始进行思考了。这是因为目光转移是一种视觉阻断行为，可以帮助人们集中注意力进行思考。

那么，这个实验结果是否适用于现实生活中人与人之间的交流呢？如果一个人不敢直视你的目光，就说明他在集中注意力思考问题吗？

如果你发现对方总是不停地转移目光，你就需要注意了。因为转移的目光很可能说明对方不喜欢你或是对你不感兴趣。要不就是做了一些对你不利的事情，不敢面对你。

他们之所以会转移目光，其实是在为自己思考解脱的方法。因为当一个人遇到自己不喜欢的人或事时，他会感到很不舒服，于是他会产生逃离的想法。如果他的目光与你相对，那么他就不能集中注意力思考让自己脱身的办法。

人在说谎的时候也会避免目光的接触。如果你正在和一个人交流，但是发现对方在说话的时候并没有直视你的目光，那就说明这个人极有可能在说谎。

人的大脑主要被划分为三个区域，即脑干、边缘脑、新皮质。其中，新皮质是最发达的，主要负责人的理性思考功能，可以说，新皮质是人类区别于其他动物的具体标志。

人之所以会说谎言，实际上是因为谎言对自己更有利，而真话则会损害自己的利益。那么，这种思考方式其实就属于理智思考，是新皮质的功能。也就是说，谎言不同于真话，是无法脱口而出的，它需要经过理智和思考的加工。

如果一个人准备进行说谎这个高智能的活动，那么他必须集中注意力思考，因为只有这样他才能编造出谎言。如果他一直盯着对方的眼睛，他的大脑就无法集中注意力进行思考，也就无法编造出完美的谎言。这样一来,他就只能不加思考地说真话。所以,我们经常会听到这样一句话："你看着我的眼睛，把刚才的话再说一遍。"实际上，这种方式也算是一种测谎的好办法。

但是，对于那些说谎老手而言，他们编造谎言的能力已经达到了"炉火纯青"的地步。所以，即使和对方进行目光交流，说谎的时候也不会出现目光转移的行为，所谓"说谎不眨眼"，就是对说谎老手的"赞扬"。

揭示眼睛的秘密——心理显微镜

美国心理学家爱德华·海兹注意到，当一个人读书读得非常入迷的时候，他的瞳孔会明显出现扩大的迹象。后来，海兹还注意到，当一个人对某项事物非常有兴趣的时候，他的瞳孔也会无意识地扩大。于是，海兹提出了一个大胆的假设，一个人瞳孔的变化与他的心理活动有着十分密切的联系。为了证明假设的正确性，海兹专门设计了一项实验。

海兹准备了四组照片：(1) 可爱的婴儿的照片；(2) 英俊男子的裸照；(3) 美丽女子的裸照；(4) 美丽的风景照。然后，海兹把这些照片依次展示给不同性别的志愿者们。

实验任务是仔细观察这些志愿者们瞳孔的大小变化。海兹认为，志愿者的瞳孔一定会随着照片的不同而出现明显的变化，当遇到自己感兴趣的照片时，他们的瞳孔就会扩大；当观看没有任何兴趣的照片时，他们的瞳孔或许根本不会出现任何变化的痕迹。

实验结果证实了海兹的假设。参加实验的男女在看到异性的裸体照片时，其瞳孔明显比平常扩大了 2 倍。此外，当看到可爱的婴儿的照片时，所有女性和有孩子的男性的瞳孔会出现明显扩大的迹象。而对于美丽的风景照，所有人瞳孔的反应都很小，有的人没有任何反应，甚至有的人还出现了瞳孔缩小的反应。

人们瞳孔的大小与许多因素有关。例如，年龄，通常老年人的瞳孔没有年轻人的瞳孔大，尤其是处于青春期的人，他们的瞳孔最大；性别，女性的瞳孔比男性的瞳孔要大；生理状况，眼睛近视的人的瞳孔比远视的人的瞳孔要大。深呼吸和睡眠状态中的人的瞳孔会缩小。

不同的药物也可以影响人们瞳孔的大小。使用吗啡、匹罗卡品等药物会使瞳孔变小；而使用阿托品、新福林、肾上腺素等药物则可以扩大一个人的瞳孔。

最重要的是，瞳孔的大小会随着人们的情绪和心理活动而变化。当一个人紧张、激动、惊讶、兴奋和高兴的时候，其瞳孔会明显扩大；而当一个人出现厌恶、忧伤、愤怒的情绪时，其瞳孔会缩小。

不过，在人的所有情绪中，恐惧的情绪比较复杂。因为当一个人恐惧的时候，他的瞳孔首先会出现扩大的迹象，然后才会缩小。那是因为恐惧的情绪往往伴随着惊奇的成分，当一个人遇到让自己惊奇的事物时，瞳孔就会扩大。但是当他发现这个事物很恐怖时，又会产生一种抵触和想要逃避的恐惧情绪，所以紧随而来的就是缩小的瞳孔。需要注意的是，其中惊奇的反应是瞬间的，也就是说，扩大的瞳孔维持的时间非常短暂。

所以，我们可以通过观察对方瞳孔的扩大和缩小来了解他的心理变化。要知道，人们是不能掌控自己瞳孔的变化的，但还是有人想出了掩饰自己瞳孔变化的好办法——戴墨镜。这样一来，对方不仅观察不到自己瞳孔的变化，就连眼部的变化也看不到了。

在阿拉伯国家，人们习惯通过观察对方瞳孔的变化来判断对方的内心活动。所以，那些名人和政客在出席一些重要的场合时，往往都会戴着一副大墨镜或是深色的眼镜，就是为了防止他人观察自己瞳孔和眼睛的变化。

专业纸牌玩家往往也是通过观察对手的瞳孔变化来赢牌的。有 15 名纸牌专家参与了一项实验。在实验中，纸牌专家需要和一些戴着墨镜的对手打牌，然后再和没有戴墨镜的人打牌。

实验结果发现，当纸牌专家和戴着墨镜的人玩纸牌的时候，纸牌专家赢牌的概率会大大降低。这说明一个人瞳孔的变化常常会泄露其内心的秘密，而且很容易被对手所利用。

尽管瞳孔的变化会真实地反映一个人的内心活动，但是观察起来比较困难，因为瞳孔的变化很微妙，而且时间短暂，给观察者带来了不小的麻烦。但是，我们可以通过其他的肢体语言来进行多角度观察，因为在瞳孔变化的同时，一个人还会无意识地出现其他的肢体反应。

当一个人遇到自己不喜欢的事物时，他的瞳孔会缩小，似乎是想要逃离目前的困境。除瞳孔缩小的反应外，他的身体还会出现远离刺激的动作，如身体向后倾、侧身或是扭头等。总的来说，就是离得越远越好。

除此之外，眼部也会出现一些消极的反应，如眯起眼睛。人们通常用眯起眼睛的动作来遮挡光线，或是表示自己不喜欢的事物。当人们生气和听到自己不喜欢的声音或音乐时，也会出现眯起眼睛的动作。

有一次，一名FBI探员在和女儿一起散步的时候遇到了一个女孩。他的女儿向那个女孩挥了挥手，算是打招呼，随后轻轻地眯起眼睛。虽然这些反应并不明显，但是这名男子还是注意到了，凭借他在FBI工作的经验，这名男子认为，女儿和那个女孩之间一定发生过不愉快的经历，因为女儿眯眼睛的动作分明是一种厌恶情绪的表达。

于是，这名男子随意地问道："你和那个女孩是同学吗？你们是怎么认识的？"女儿回答得很坦率："我们是高中同学，曾经激烈地争吵过，虽然后来和好了，但是我依然很讨厌她。刚才和她打招呼不过是出于一种礼貌的表现，实际上我根本不喜欢她，也不愿意和她打招呼。"

人的面部表情是由五官共同组成的，但是眼睛和其他部位不同，眼睛总是能在第一时间做出强烈的反射性反应。例如，当遇到刺眼的光线或是危险来临时，人们的第一反应通常都是闭上眼睛。一些人为了追求刺激的感觉会去蹦极，尽管他们知道自己很安全（脚上或是其他地方绑着保险绳），但是在他们从高处往下跳的时候，还是会不自觉地紧闭眼睛，这就是一种逃避危险的反应。

眼睛对于任何一个物种而言都是非常重要的，在自然界中，如果一个动物失明了，那么它的生命危险就会大大增加。因为没有了眼睛，它基本上就丧失了获取外界危险信息的能力。例如，对于一个视力正常的人而言，如果用一块黑布蒙上他的眼睛，当他什么也看不见的时候，他的安全感就会大大降低。

有这样一个游戏，让一个人主动闭上眼睛，然后由另一个人指引着往前走。这个游戏似乎就是为了测试一个人对另一个人的信任程度。但是不管他再怎么信任这个指引他往前走的人，当他被一个阻碍物绊住的时候，他第一个下意识的动作就是睁开眼睛。从某种程度上来说，他只相信自己的眼睛，而能看到事物也是他安全感的重要来源。

所以，在物种进化的过程中，我们眼部的肌肉得到了很好的改良，总是能第一时间做出反应，以保证眼睛免受外界的伤害，同时也是为了保护自身。只有眼睛没受到损伤，我们才能从外界获取危险的信息，并及时做出反应，如躲开或是攻击。因此，当一个人意识到危险的时候，条件反射性的反应往往是眯起眼睛、闭上眼睛或是用手遮挡住眼部。

总而言之，眼睛是我们面部最诚实的部位，不仅能真实反映我们的心理活动，而且很难被我们的理智所控制。

当一个人被消极的情绪所困扰的时候，除会做出眯眼睛的动作外，他的眉毛也会出现一些反应。例如，弓形的眉毛总会给人一种积极向上的感觉；而压低的眉毛会给人一种自卑和心情不好的消极感觉。

据有关研究发现，当一个罪犯第一次进入监狱时，就会出现压低眉毛的消极反应，而监狱中的其他罪犯也可以通过这种表情来判断这个新人的性格特征，如这个人到底好不好欺负，从而就会实施欺软怕硬的行为。

一个人在表达自己积极的感情时，除了会瞳孔放大之外，通常还伴随着睁大眼睛。例如，一个出生后不久的孩子，他所有的注意力都会集中在母亲身上，当母亲出现在他的视线内时，孩子的眼睛就会睁得大大的，而且他的目光会一直追随着母亲的身影，希望能得到母亲的回应和注意。如果这时母亲同样以睁大眼睛的表情回应孩子，那么孩子就会获得一种满足和安慰。

所以,除了放大的瞳孔之外,睁大眼睛也反映了一种积极的内心活动。当一个人的情绪非常激动和兴奋的时候，就会努力睁大自己的眼睛。而这种表情则被称为“闪光灯眼”。

如果对方出现了“闪光灯眼”，那就说明他对你非常感兴趣或是很喜欢你。这种“闪光灯眼”往往会出现在一个人非常兴奋的状态中。例如一个非常喜欢韩剧的女性，当她在现实生活中看到自己喜欢的韩剧男演员时，她就很有可能会出现“闪光灯眼”。她不仅会睁大眼睛，而且还会扩大自己的瞳孔，就好像她的大脑在下达指令一样：“我看到了自己的梦中情人，就让我睁大眼睛再看清楚一些吧！”

第三章

五官的精彩表演
——丰富多彩的面部表情

人的面部表情就好像是大脑思维活动的舞台，不时上演各种“精彩的表演”。因此，在一定程度上，我们可以通过观察对方的面部表情来判断其目前的心理状态。本章将为你介绍平静、快乐、愤怒、悲伤、惊讶、恐惧、蔑视、厌恶的表情都代表了什么意义。

平静与快乐——面部表情全记录（一）

平静的面部表情

平静的表情是所有面部表情的基础，也是出现最频繁的表情。一个人如果面部表情是平静的，那么说明他的内心很平和，他的心理状态也比较好。

提起第二次世界大战中的反法西斯同盟，人们首先想到的应该就是“三巨头”——罗斯福、斯大林、丘吉尔。但是，反法西斯同盟最初的同盟国是英国和美国。毕竟苏联是社会主义国家，英国想要找同盟国，第一时间并不会去找体制不同的苏联。

“二战”期间，英国面临着非常严峻的局势，那时德国的军队几乎占领了欧洲所有的国家。最初英国和法国联合起来共同对抗德国，但是很快法国就沦陷了。这样一来，英国在欧洲的势力变得非常单薄，面对德国的猛烈进攻，英国换了一个更为强硬的首相温斯顿·丘吉尔，在丘吉尔的领导下，英国民众顽强地抵抗着德国法西斯的进攻。

但是，英国单方面的抵抗力量毕竟是微弱的，所以前首相丘吉尔便想到通过外交手段，在国际上寻找同盟国，以获得同盟国的帮助，共同抵制以德国为中心的法西斯国家的入侵。

既然是寻找同盟国，那么同盟国的军事力量自然不能比英国差，而且还必须和英国一样都是相同的政治体制。丘吉尔放眼望去，整个世界就属美国最合适。于是，丘吉尔积极地和美国取得外交上的联系，希望美国能加入这次战争，毕竟如果有了美国这个强大国家的帮助，英国战胜德国的概率将会大大增加。

对于美国政府而言，他们也很想借这次战争彰显自己的军事力量。如果美国帮助英国和欧洲其他的国家打败德国和意大利等法西斯国家的话，那么美国在国际上的地位将会大大提高。

很快,丘吉尔和美国前总统罗斯福见面了,两个人的表情都十分平静。两个国家的最高首脑之间展开了钩心斗角的外交。对丘吉尔来说，他希望能把美国拖到这次战争的泥潭之中，这样不仅能缓解英国独自面对德国的军事压力，而且英国也不至于面临被灭国的危险。

但是对罗斯福而言，虽然希特勒的势力很可怕，早晚会威胁到美国，但是，当时美国所面临的局势还是比较宽松的，毕竟战火并没有烧到美国本土上。所以，罗斯福一直在考虑，要如何利用英国这块挡箭牌，避免战火延伸到美国。

总的来说，罗斯福和丘吉尔的谈判充满了猜疑和算计。罗斯福很平静，而丘吉尔有点儿着急了。这也难怪，毕竟罗斯福所代表的美国并没有面临严峻的局势，而丘吉尔所代表的英国却面临着即将被德国灭亡的危险。所以罗斯福的心情轻松，面部表情非常平静，但是丘吉尔做不到，因为他的内心很着急，为英国也为自己的未来而担心。

所以说，平静的面部表情代表着平和的内心活动。如果一个人面临着非常严峻的情况，那么他的内心一定会很着急，表现在面部表情上也就不会是平静的。平静的面部表情是指人的面部肌肉整体上很松弛，分布也很均匀，没有运动和挤压的变化。平静的面部表情维持的时间也是所有面部表情中最长的一个。

快乐的面部表情

当一个人出现快乐的情绪时，他的面部表情就会出现变化。他的眼睛会微微眯起，嘴角上扬。与快乐相似的情绪还有兴奋、高兴、愉快、开心、喜悦等，但是这些情绪所展现出来的面部表情基本一致，没有明显变化，所以统称为快乐的面部表情。其实一个人在展现快乐的面部表情时，还会伴随着一些友好的肢体动作，如身体向前倾、手臂张开等。需要注意的是，有些女士在笑的时候，为了显得更淑女一些，常常会用手捂住嘴巴。

虽然快乐的面部表情总是会用笑来表达，但是笑的表情不一定都代表了这个人快乐的内心。许多时候，人们笑的表情只是一种礼貌性的表情，与此人的内心活动和情绪没有任何关系。所以，才会有所谓的“真笑”与“假笑”之分。

飞飞是一家公司公关部的经理，她的业务能力很强，而且人长得也很漂亮，尤其是在她笑起来的时候，总是会给人一种甜美的感觉。所以，每次飞飞去谈业务的时候，总会成功。

由于工作的原因，飞飞的脸上总是保持一种微笑的表情。可以说，飞飞的微笑表情并不是在表达她内心的快乐，只是一种职业习惯而已。

由此可见，飞飞微笑的面部表情就属于“假笑”的范围。那么，我们应该怎么去区分“真笑”和“假笑”呢?

我们需要注意观察对方眼睛部位的肌肉变化。通常，当一个人笑的表情是为了表达内心的快乐时，也就是我们所说的“真笑”，他的面部肌肉除了嘴角上扬以外，还会眼睛变小，眼角上扬，甚至有些人会出现鱼尾纹。如果一个人笑的表情只是一种礼貌，那么他眼睛周围的肌肉不会出现任何变化，只是嘴角上扬而已。

愤怒与悲伤——面部表情全记录（二）

愤怒的面部表情

当一个人因为某种挫折无法实现自己的愿望时，就会产生愤怒的情绪，随之而来的就是愤怒的面部表情。这是愤怒表情出现的最原始的动机，因为在动物界，动物的愤怒常常与生存、争夺食物和配偶等一些愿望不能实现有关。

愤怒表情在人们三个月大的时候就会出现，如果一个婴儿的基本需求没有得到满足，他就会用愤怒的表情来表达自己的不满，如被成人强制约束行为，想要玩耍却没有得到允许等。

愤怒表情的具体表现是,眉毛向下压,瞪着眼睛,瞳孔缩小,鼻孔张大,嘴巴略微张开等。有些人在愤怒的时候还会伴随着身体的动作反应，如呼吸变得急促、牙齿打战、紧握拳头等。

《三国演义》中的张飞就是一个经常出现愤怒表情的人物形象，张飞怒打督邮是一则脍炙人口的故事。

张飞和他的两个结拜兄长刘备和关羽在镇压黄巾军起义中立下了不小的功劳，由于兄弟三人在朝廷中没有势力，所以只有刘备被封了一个小小的县尉。面对这样不公平的待遇，张飞本来就窝着一肚子的火气。

后来督邮前来监察刘备的工作，并向刘备讨要贿赂而没有得逞，所以督邮很愤怒，便借着刘备的出身侮辱刘备。平白无故地遭受侮辱，刘备虽然也很生气，但是由于督邮的官职比较高，所以就隐忍了下来。

不久之后，张飞听说了这件事情，按照张飞那种易怒且不依不饶的性格，他直接去找督邮算账，于是就出现了经典的一幕——张飞怒打督邮。张飞没多说废话，直接把体格肥硕的督邮绑在一棵柳树上，然后用鞭子抽打，以此泄恨。

面对张飞这种亡命之徒，督邮自然是好汉不吃眼前亏，连连求饶，谁知张飞根本不吃这一套，反而越打越来劲。最后幸亏刘备及时赶到，否则督邮肯定会死在盛怒下的张飞手中。

尽管督邮没有死，但是张飞的行为触犯了朝廷的律法——鞭打朝廷命官。最后刘备只好放弃了县尉的职位，带着关羽和张飞另谋生路。

当然张飞的愤怒有时也有好处，如《三国演义》中著名的片段——张飞怒吼长坂坡，张飞用他的愤怒吓退了一支军队。

张飞怒吼长坂坡的背景是刘备和曹操之间的长坂坡战役，在这场战役中，刘备惨败，不得不带领核心力量逃走，寻找以后东山再起的机会。张飞的愤怒也是理所当然的，毕竟作为刘备集团的重要成员，好不容易找到了一个安身之地，但是曹操就是不让人安生，仰仗着自己兵强马壮前来找麻烦，害得刘备集团的成员伤亡惨重。

所以，张飞面对曹操的军队时异常愤怒。张飞本来就不善于隐藏自己的愤怒，面对敌军时无所顾忌地发泄出来。在长坂坡上，张飞吹胡子瞪眼睛，怒吼道："我乃燕人张翼德也，谁敢与我决一死战！"张飞的这一声怒吼吓死了夏侯杰，再加上张飞骁勇善战的威名，足足吓退了整支曹军，为刘备大部队的安全撤退争取到十分宝贵的时间。

有时候，当一个人意外受到他人的侵犯时也会出现愤怒的表情，不过在出现愤怒的表情之前，会先出现短暂的惊讶表情。

英国前首相温斯顿·丘吉尔，被认为是20世纪最重要的政治领袖之一，他带领着英国人赢得了第二次世界大战的胜利。丘吉尔在当选英国首相时，英国所面临的局势十分严峻和紧张，因为英国那个时候就快要被德国歼灭了。

丘吉尔可以说是临危受命。在1941年12月底，英国首相丘吉尔从英国的利益出发，前往美国拜访罗斯福总统，在访问期间，丘吉尔向罗斯福提出在北非登陆的"体育家"作战计划。由于丘吉尔的这一提议对美国不利，所以遭到了美国三军参谋长的反对。

但是，丘吉尔依旧没有放弃把美国拉到战争中的计划，以达到为英国分担德军压力的目的。于是，1942年9月22日，丘吉尔再次前往美国。这次在丘吉尔的主持下，英国和美国联合参谋部会议终于同意实施"火炬"作战计划。

“火炬”作战计划也是由丘吉尔提出的，目的与之前的“体育家”作战计划一样，都是从英国的利益出发，但令人没想到的是，这次美国居然同意了。

所以在丘吉尔的建议下，美国总统罗斯福决定任命艾森豪威尔将军担任“火炬”作战计划的总指挥。

按照约定，美英联军于 1942 年 11 月 8 日在法国殖民地北非登陆，然后从西边开始向东对意大利和德国军队发起猛烈的进攻。最后，美英联军彻底击败了德意联军在北非的势力，控制住了地中海地区，并巩固了反法西斯阵营在中东的势力范围，为以后战胜法西斯打下坚实的基础。

虽然丘吉尔积极联合美国参加第二次世界大战是从英国的利益出发，但是不得不说丘吉尔在“二战”取得胜利的过程中立下了汗马功劳，尤其是在建立反法西斯同盟上，丘吉尔功不可没。

在 1942 年 12 月，著名摄影师卡什通过加拿大前总理麦肯辛·金，向当时正在加拿大访问的英国首相丘吉尔提出摄影的要求。

当时第二次世界大战正进行得如火如荼，身为重要的政治领袖之一的丘吉尔十分繁忙，按道理说，丘吉尔应该会拒绝卡什，但是最后丘吉尔居然同意了卡什的要求。

有不少人认为这是因为丘吉尔在给加拿大前总理麦肯辛·金面子，不过丘吉尔极有可能是考虑到卡什拍摄这张照片的目的与影响。因为卡什表示，他要拍下丘吉尔坚毅的肖像，并刊登在报纸上以鼓励全世界人民与法西斯作战的信心。

所以，当丘吉尔结束会议后就按照约定去拍照。起初，摄影师卡什要求丘吉尔站在椅子旁边，左手扶着椅背，右手插在裤兜里，而且嘴中还叼着一根雪茄。但是拍摄出来的效果卡什并不满意，因为这样的丘吉尔显得太自然随和了，根本不符合“二战”领袖应该具备的坚毅。

后来，卡什要求丘吉尔坐在椅子上，同时还要求丘吉尔把雪茄放下，但是遭到了丘吉尔的拒绝。于是就这样拍了几张不痛不痒的照片，与卡什所预想的根本不符合。

后来卡什想了一个不错的办法，他突然走上前去，轻轻地把丘吉尔手中的雪茄拿走了。面对卡什的这一意外举动，丘吉尔很震惊，在短暂的惊讶之后，丘吉尔马上愤怒起来，丘吉尔瞪着眼睛，眉头紧锁，鼻翼扩张。

卡什一直在等待的就是这个表情，这名专业的摄影师马上按下了快门，于是“愤怒的丘吉尔”这一精彩的瞬间就被定格并成为经典。

在拍摄完这张照片后，丘吉尔才意识到卡什并不是真的要冒犯他，只是为了拍摄的效果。所以丘吉尔的怒火一下子就消失了，反而露出了赞赏的笑容，并握住卡什的手打趣地说：“你有办法让一头怒吼的雄狮安静下来供你拍照！”

不久之后，这张“愤怒的丘吉尔”的照片广为流传，并成为丘吉尔所有照片中最经典的一张。这张照片充分反映了丘吉尔犹如一头愤怒的雄狮，要和以希特勒为首的法西斯主义决战到底的决心。无疑，对于当时处于战火纷飞下的人们而言，丘吉尔的愤怒极大地鼓励了他们战胜法西斯的信心。

悲伤的面部表情

利比里亚前任总统查尔斯·泰勒号称“血钻总统”。泰勒于 1997 年 8 月当选利比里亚（西非国家）总统，他在参加选举时的口号就是：“他杀了我爸，他杀了我妈，但是我要选他。”

泰勒的人生经历告诉他：有钱才有枪。所以，在泰勒上台后不久，他就开始利用手中的权力进行“对角线贸易”，用本国的木材、矿产和东欧国家做生意，换来了大量的美元和军火。但是，由于利比里亚的资源比较贫乏，泰勒并没有从“对角线贸易”中获得想要的利益。

后来，泰勒把目光瞄准了邻国塞拉利昂，因为塞拉利昂有非常丰富的钻石资源。于是，泰勒专门组织了一支武装部队去反对塞拉利昂政府的统治，这样一来，塞拉利昂便陷入了战火之中。

泰勒所组织的这支武装部队起初是由一些青壮年组成的，后来由于人数不够，一些十几岁的孩子被迫充当士兵。

为了让这些孩子在作战的时候更勇敢，他强迫孩子们吸食毒品。这些孩子在毒品所造成的幻觉之下，不但不畏惧战场上的枪林弹雨，而且还会不受控制地疯狂杀戮，就好像对杀人上瘾了一样。

此外，泰勒还利用一些特别的手段逼迫孩子们为他效命，也就是逼迫犯罪。当孩子们刚被抓来的时候，泰勒会逼迫他们去杀人或强奸，这样一来，这些孩子就成了罪犯，不得不为泰勒卖命。

在泰勒的阴谋破坏下，塞拉利昂政府不得不向利比里亚购买军火，于是大量的钻石涌入了泰勒的口袋中。然后，泰勒再以高价把这些钻石卖给欧洲国家。那个时候，东欧国家的冷战刚刚结束不久，军火的价格大跌，这样一来，泰勒就用低价再次购入大量军火，并以高价卖给邻国塞拉利昂，以获得更多的钻石。

就这样，泰勒把西非地区变成了一个巨大的军火交易市场和充满杀戮的战场，许多无辜的人都死于泰勒的阴谋之下，而泰勒一本万利地得到了许多美金。泰勒也因此被称为“血钻总统”。

不过，泰勒的行为很快受到了国际上的谴责，最终被反对派推翻。

2012 年 5 月，查尔斯·泰勒在荷兰海牙的塞拉利昂特别法庭上接受审判。查尔斯·泰勒自此成为自第二次世界大战以后，第一个被国际法庭裁定有罪并被判处刑期的国家元首。

在最初开庭的时候，泰勒的面部表情很平静，而且一直在否认自己的罪行，因为他认为塞拉利昂提供的证据并不充分。但是，最后泰勒依然败诉。

当主审法官理查德·卢西克宣读判决的时候，泰勒平静的表情才有了变化，出现了悲伤的表情，他的眉头皱起，眉毛向下压，眼睑下垂，脸部的肌肉整体自上向下运动。

泰勒之所以会出现悲伤的表情，那是因为他被判处的罪名是战争罪、强奸罪、谋杀罪、使用儿童兵罪、反人类罪等 11 项罪名，这些罪名给他带来了 50 年监禁。

面对这种判决，泰勒为自己感到悲伤，尽管他现在有许多资产，但是无福消受了，他肯定会死在监狱中。所以，他出现了一种无助的情绪，而这种悲伤和无助的内心活动都通过这个面部表情表达出来了。

惊讶与恐惧——面部表情全记录（三）

惊讶的面部表情

当人们突然遇到外界的刺激时，通常会出现惊讶的表情。如果这个意外的突发情况是没有威胁的，那么惊讶的表情维持不到一秒钟的时间就会结束。但是如果这个意外的刺激是具有威胁性的，那么惊讶的表情马上就会转变成恐怖的表情。

例如，你来到了一个人生地不熟的地方，但是突然在大街上意外地遇见了你的好朋友，第一时间你会出现惊讶的表情。很快这个惊讶的表情就会消失，接下来出现的是快乐的表情，毕竟他乡遇故知也是人生的一大喜事。

再如，有的恐怖片之所以很恐怖，往往是因为画面给人带来了一种意料之外的惊吓。如果你在观看恐怖片，情节上貌似告一段落了，主人公也宣告死亡了。就在你放松下来的瞬间，突然出现了血淋淋的死人，估计有不少人会被吓一跳。

在这个短暂的过程中,人们会出现两种主要表情,一种是惊讶的表情，因为影片已经结束了，但是突然出现了另一个镜头，然后随之而来的是恐惧的表情。因为你已经完全放松下来了，但是突然又看到了会激起人们恐惧情绪的视觉画面。

一个人出现惊讶表情的具体表现是，眉毛和上眼皮向上抬起，眼球略微突出，瞳孔扩大，嘴巴也会随之张开。当然，人惊讶的面部表情往往还会伴随着一些肢体动作，如身体颤抖和僵住（也就是冻结反应，之后会提到)，有的人还会用手捂住自己的嘴巴，以掩饰自己的惊讶。

有时候，用手捂住嘴巴不只起到掩饰的作用，也是为了守住秘密。用手捂住嘴巴所表达的意思是，潜意识的冲动已经快要突破一个人的自制力，所以他才会采用用手捂住嘴巴的举动，以此来克制自己的冲动。

例如，一个人需要坚守某个秘密，但是在一次不经意的谈话中差点说出来，这时此人就会用手捂住自己的嘴巴，显示自己要守住秘密、不能说漏嘴的内心活动。电视剧《爱情公寓》中号称“大嘴巴”的唐悠悠在准备说一些秘密，但是又意识到不能说的时候，就经常用手捂住自己的嘴巴，以提醒自己要坚守秘密。

需要注意的是，惊讶的表情是一种极易撒谎的表情，即使一个人的内心并没有感到惊讶，但是他依然可以轻易地做出惊讶的表情。

所以，我们需要区别惊讶表情的真假，而区别的标准就是时间的长短，通常惊讶的表情所维持的时间非常短暂，只是一瞬间，不到一秒钟。但如果一个人的惊讶表情维持了很长时间，那么就说明这个人极有可能是在伪装。

恐惧的面部表情

当一个人遇到危险的时候，就会出现恐怖的表情。恐怖的表情通常被认为是惊讶表情的延伸。也就是说，在出现恐怖表情之前往往是惊讶的表情，有时候会是惊讶和恐怖两种表情融合在一起，就是我们通常所说的“惊恐”。

恐惧表情的面部肌肉运动幅度一般都比较大，当一个人被恐惧的情绪所笼罩的时候，他的面部肌肉就会变得紧绷绷的，肌肉之间互相挤压。恐惧表情的具体表现和惊讶表情的表现很相似，眉毛和上眼皮向上抬起，眼球会微微突起。瞳孔的变化比较有意思，首先放大，然后渐渐缩小。

恐惧的面部表情常常会伴随一些幅度较大的肢体动作，如当一个人遇到危险的时候，他首先会愣住，然后马上做出逃避的动作。这个逃避的动作有可能是双腿的逃跑姿势，也有可能是双臂的遮挡姿势，总的来说，就是为了避免危险伤害到自己。

蔑视与厌恶——面部表情全记录（四）

蔑视的面部表情

蔑视的表情是所有面部表情中最特殊的一种，它只会出现在人的身上，而在动物身上很难发现蔑视的表情。也就是说，蔑视的情绪以及面部表情并不属于自然界，不具有原始性，而是人类社会的产物。

轻蔑表情的具体表现是，眉毛下压，眼睛微微闭起，瞳孔缩小，嘴角的一侧向上扬起。蔑视表情最明显的特征就是只有嘴角的一侧上扬。

当人们看不上某人的言谈举止时，就会出现一种轻蔑的心理，表现在脸上就是轻蔑的面部表情。因为轻蔑的面部表情并不是与生俱来的，所以出现的时间也比其他的面部表情要晚许多，在 5 ～ 7 岁时才会出现。通常都是一些占据优势地位的人才会出现这种表情，特别是那种有强烈优越感的人在面对那些不如自己的人时，会在不经意间出现轻蔑的表情。

关羽是一个经常会出现轻蔑表情的人。提起关羽，人们首先想到的就是一个“义”字。正是因为讲义气，关羽才会放弃在曹营的优越生活，回去投奔自己的结拜兄长刘备。

但是，关羽的性格需要用一个“傲”字来形容。关羽是一个十分骄傲的人，正是因为这份骄傲，关羽不听从诸葛亮的建议，导致战败，最后不得不败走麦城，并被东吴将领吕蒙所杀。

不过，关羽确实有骄傲的资本。他武艺高强，乱军中取上将人头如探囊取物。过五关斩六将中，关羽十分轻松地斩杀了那些守城将领。

公元200年，曹操派刘岱、王忠攻打刘备，但是被刘备打败了。曹操得知后十分愤怒，便亲自率领大军去攻打刘备。刘备自然不是曹操军队的对手，很快战败了，于是开始逃命。虽然刘备成功逃出了曹操的手掌心，但是关羽被曹操俘虏了。不得已，关羽暂时投降，并成为曹操的一个得力手下。

曹操不仅没有计较关羽之前跟随刘备，反而以厚礼相待，并任命关羽为偏将军。曹操之所以如此看重关羽，是因为之前领教过关羽的本领。

董卓是东汉末年的权臣之一，但是由于他生性残忍，遭到了很多人的反对。后来曹操、袁绍、公孙瓒、孙坚等十八路兵马联合起来共同讨伐董卓。当时刘备、关羽、张飞共同追随公孙瓒，所以也一同前往讨伐董卓。但是在讨伐初期，进行得并不顺利。

董卓有一员大将名叫华雄，此人功夫十分了得，不仅十八路兵马的先锋孙坚拿他没办法，而且他还斩杀了联军两员大将。这时，曹操等人所在阵营的将领们慌张起来，士气大减。许多人都束手无策，就连袁绍也感叹道："可惜我的大将颜良、文丑不在，不然就不用畏惧华雄了！"

袁绍话音未落，一个人挺身而出，想要去会会华雄，这个人就是关羽。那个时候，关羽还只是一个无名小卒，所以当他提出要去同华雄交战的时候，立刻遭到了许多人的反对和嘲笑。其中，袁术露出了轻蔑的表情说："我十八路诸侯大将有几百人，却要让你一个马弓手出阵迎敌，岂不叫华雄笑话我帐中无人！"

袁术出身很高贵，自然看不上这个小小的马弓手，露出轻蔑的表情也很正常。但正是袁术的这番话和轻蔑的表情刺激了关羽的自尊心，于是关羽当即立下军令状："我若不能斩杀华雄，自当奉上项上人头。"既然话已经说到这个地步，袁绍自然也就允许关羽出阵迎敌。

其实，在关羽申请出阵迎敌的时候，曹操就已经非常欣赏他了。毕竟在当时的情况下，能主动请缨的人，武艺不敢说，但是他的胆量和自信一定是超于常人的。再加上关羽那颇富威仪的气质形象（小说《三国演义》中这样描写关羽："身长九尺，髯长二尺，面若重枣，唇若涂脂，丹凤眼，卧蚕眉，相貌堂堂，威风凛凛"），使得曹操更加欣赏关羽。

曹操的出身比较低微（曹操的父亲曹嵩是宦官曹腾的养子，尽管曹腾很有权势，但宦官是被世人看不起的），所以他在观察他人的时候，不会从一个人的身份地位去判断，曹操自然也不会像袁术那样蔑视关羽。

曹操十分欣赏关羽的气魄，于是就倒了一杯热酒为关羽饯行："将军，喝了这杯酒之后，再前去杀敌。"关羽接过酒放在桌子上，自信地说："等我杀了华雄再喝。"等关羽斩杀了华雄回来时，那杯热酒依然还有余温。于是，他就有了"温酒斩华雄"的威名。

后来袁绍派遣大将颜良、文丑等人去攻击东郡太守刘延，刘延和曹操是一个团队的，所以在得知刘延被攻击后，曹操立刻亲自率兵救援，并任命关羽与张辽为先锋。

颜良与文丑也是威名在外的英雄人物，曹军中有不少人都十分担心，可是自信的关羽说："我观颜良，如插标卖首耳。"关羽在说这句话的时候，就伴有轻蔑的面部表情，而且他所说的这句话也带有十分明显的轻蔑意味。事实证明，颜良的确不是关羽的对手，最后死在关羽手中。这样一来，关羽更加威名远播，从而也变得越来越骄傲，轻蔑的表情经常会出现在他的脸上。

厌恶的面部表情

当一个人遇到让自己恶心和厌恶的事物时，就会出现厌恶的表情。厌恶的情绪是动物和人类共同拥有的，当动物吃到了腐烂的食物时，就会出现厌恶的表情，有的还会伴随着呕吐的生理反应。其实人也一样，在吃到不合口味的食物时也会有厌恶的表情。厌恶表情并不是天生的，而是后天学会的，在 4 ～ 8 岁的时候就会出现。

厌恶表情的具体表现是，眉毛下压，眼睛微微闭起，瞳孔缩小，嘴巴两侧微微张开，有的人还会露出牙齿。但是，这只是轻微的厌恶，如果一个人出现了极度厌恶的心理，那么他的嘴巴应该是紧闭的，有的人还会紧闭双眼。

这种面部表情的潜在意义是，禁止一切恶心的信息通过自己的视觉、味觉、听觉、嗅觉等进入身体。例如，当一个人不想吃面前的东西时，就会紧闭嘴巴和双眼；当一个人听到噪声时，会用手捂住自己的耳朵，以防止这种令人厌恶的噪声进入自己的身体。

厌恶的情绪和面部表情具有很强的感染力。例如，一个人走在大街上，突然用手捂住了自己的鼻子和嘴巴，似乎闻到了不好闻的气味，那么不久之后就会有人效仿，在不知不觉中也表现出厌恶的反应。这是因为即使我们没有感受到那些令自己厌恶的事物，但是可以做到与别人感同身受，所以自然会被影响。

在日常生活中，我们可以通过观察一个人是否出现厌恶的表情，从而推断人与人之间的关系。美国心理学家古特曼花费了14年时间专门研究厌恶表情与人际关系维持时间长短之间的联系。

古特曼收集和整理了650对夫妇的谈话录像资料，通过观察这些录像资料发现，如果夫妻双方在与另一半谈话的过程中不经意间流露出了厌恶的表情，那么他们的夫妻关系一般不会维持太长时间，通常不会超过4年。

我们可以把古特曼的研究成果拓展一下。例如，当你和一个人谈话的时候，突然发现对方的脸上出现了厌恶的表情，说明你们之间的关系不会维持太长时间，因为对方已经对你感到厌恶了。

如果一个人在谈起他的工作时，出现了厌恶的表情，而且这种表情出现了两次以上，除了说明他对自己的工作不满之外，还可以认为他辞职的概率很高。如果一个老板在提到某个员工时，出现了厌恶的表情，而且次数也在两次以上，那么就说明这个员工有被炒鱿鱼的风险。

需要注意的是，两次厌恶的表情必须是在短短的三分钟之内先后出现。也就是说，在三分钟内，一个人做出两次以上的厌恶表情。如果你发现的厌恶表情是长期积累的，如你在一个月内发现对方出现了两次以上的厌恶表情，那么这很正常，上述的结论并不适用。

厌恶表情出现的时候往往会伴随着一些回避意味的肢体动作，如扭头、侧身或是做好准备逃跑的动作。这是因为当人们遇到厌恶的事物时，第一反应往往都是回避，尽量使自己远离令自己厌恶的事物。

人的面部肌肉十分灵活，随着情绪的多变，面部表情也很丰富。据研究，人的面部肌肉一共可以做出10000多种表情，其中3000多种表情与人的心理有关。但是，人的肉眼只能识别其中的2000多种。从这项研究成果中我们可以得知，人的面部表情十分复杂。

前面我们只介绍了最基本的八种面部表情。需要注意的是，当你在观察他人时，不要指望这八种面部表情会单一地出现在人的脸上。因为人的面部表情通常都是复合的，也就是说，一个人的脸上会出现多种面部表情。

但是，我们依然可以通过对方的面部表情来窥探他的内心，因为在这些复合表情中，总会有一种主导表情。我们只需要通过观察这个表情就可以判断他的心理了。

人的面部表情就好像是大脑思维活动的舞台，所以我们在观察一个人的肢体语言时，往往会把重点放在表情上。但是需要注意的是，既然是舞台就有表演的意味，所以人的面部表情也是最容易撒谎的，很容易进行伪装。

第四章

无声的嘴巴
——它在说什么

嘴除了可以通过语言让人滔滔不绝地表达自己的看法，也可以通过其他方式让别人了解自己。本章将为你介绍打哈欠、吮吸手指、紧闭嘴巴、咬牙切齿、吐舌头、咽口水都代表了什么样的心理状态。

1000美元的哈欠——打哈欠也有罪

打哈欠是人的一种本能表现，当一个人感到瞌睡或是疲惫的时候，通常会不自觉地打哈欠以起到提神的作用。人们往往通过打哈欠使自己的心理和生理得到放松。打哈欠也是大脑所发出的一个信号，具有提醒的意义。当一个人在感到疲劳和困乏的时候会哈欠连连，其实就是在提醒这个人，你应该休息了，需要补充睡眠。

打哈欠的动作除了表示这个人的状态很疲惫之外，还有另外一层意思，即这个人对眼前的事物没有兴趣，感到很无聊和反感。

2005年4月1日，一个严肃的法庭中出现了笑声四起的情景，这种不符合场合的笑声是由一个响亮的哈欠声引起的。

那一天，美国洛杉矶市的一个法庭正在为一起谋杀未遂案件挑选陪审员，整个氛围十分严肃，当然也很沉闷，让人有一种昏昏欲睡的感觉。就在这时，一声响亮的哈欠声突然出现。一瞬间，所有人的注意力都转移到了这声哈欠上，很快所有人都笑起来。原本沉闷和严肃的法庭现场的氛围瞬间变得十分活跃。

打哈欠的主人是第2386号陪审员，后来他为这个哈欠付出了巨大的金钱代价，估计这位陪审员以后再也不会在法庭上打哈欠了。

主持审判的高级法官克雷格·维尔斯认为，这个响亮的哈欠声是对法官执法审理案件的厌烦，是对法庭执法的轻视以及对生命的不尊重（这是一起杀人未遂的案件)。所以，这个陪审员不得不接受罚款1000美元的惩罚。

我们都有这样的经验，在上学期间明明是第一堂课，按理说应该是精神抖擞才对，但是总有些人会打哈欠。那是因为这些人没睡醒或者是认为这堂课很枯燥，但是他又不得不听课，所以才会出现打哈欠的动作，以表示自己厌烦和无聊的真实情绪。

除此之外，打哈欠还具有很强的感染力。也就是说，哈欠就像瘟疫一样，是会传染的。例如，在一次会议中，如果一个人出现了打哈欠的行为，那么他周围的人很可能也会跟着打哈欠。

美国心理学家还专门针对这种哈欠传染的现象进行了一个实验。实验人员给参加实验的志愿者们播放了一段打哈欠的视频，不久这些志愿者们也纷纷打起哈欠来了，被哈欠传染的人大约占总人数的40% ~ 60%。

这个实验结果除了说明哈欠具有感染力以外，还说明并不是所有的人都会被哈欠传染，有些人具有“哈欠抗体”。其实这种“哈欠抗体”指的是顽强的意志力。这种人通常都是一些比较冷酷的人，而那些跟着打哈欠的人通常被认为是善良和容易受到感染的人。

吮吸手指——婴儿般的自我安慰

法国人斯特劳斯·卡恩曾任国际货币基金组织的总裁，而且很有前途，很有可能参加2012年法国总统的竞选。但是，美好的前途在2011年5月14日这一天突然中断了。那一天，卡恩正在纽约肯尼迪国际机场的一架法国航空公司的飞机上，即将飞往法国，但是在机场被逮捕了。

原来，纽约一家酒店的女服务员索菲泰尔指控卡恩对她实施了强奸，如果这个罪名成立的话，那么卡恩将会在监狱中待上25年。这样一来，卡恩不仅总统梦泡汤了，就连他国际货币基金组织总裁的位置也将不保。可以说，卡恩正站在人生的悬崖上，稍有不慎就会粉身碎骨。

卡恩当然也知道他所面临的危险境况，所以卡恩在法庭上接受审讯的时候，内心十分无助和焦虑，因为他不知道该怎样改变自己所面临的困境。原告所提供的证据非常充足，在铁证面前，卡恩的任何狡辩都是没用的。

当然，卡恩并没有像普通人一样把自己所有的焦虑和无助都表现出来，他只是坐在那里安静地听着法官的审讯。但是，卡恩的一个肢体语言出卖了他内心的焦虑和无助。

在审讯的过程中，卡恩不停地把自己的大拇指放到嘴里吮吸或是放到嘴边轻轻啃咬。虽然卡恩一言不发、安静地坐在那里，但是他吮吸手指的动作完全暴露出了他的内心活动。卡恩不知道什么样的回答会对自己有利，才能改变目前这种十分被动的局面。

吮吸手指和咬手指的行为是从婴儿时期流传下来的一种缓解焦虑和自我安慰的行为。在婴儿时期，通常是指1岁以前，婴儿如果感到饥饿，就会通过哭声来引起母亲的注意，从而获得食物。

但是，如果这时母亲没有及时来到婴儿身边喂食，那么婴儿就会认为哭声是没有用的，于是他会把自己的手指放到嘴里吮吸，这样会让他感觉到自己在吃东西，从而获得一种安慰感。

有时候，婴儿吮吸手指也不全是因为饥饿。当婴儿感到孤独和寂寞的时候，他也会用吮吸手指的行为来安慰自己。如果父母经常没有时间陪伴婴儿，那么婴儿就会经常吮吸手指，以至于养成了习惯，即使早已经过了吮吸手指的年龄，也依然会吮吸手指。

通常情况下，当一个人到了一定年龄后，就会渐渐放弃咬手指的行为。但是如果遇到了很大的麻烦却无力解决的时候，人们往往会出现退缩回童年时期的表达行为，也就是通过咬手指来缓解压力。

如果一个人出现了咬手指和吮吸手指的行为，说明这个人遇到了麻烦，他的压力很大，而且还很焦虑。当然，给这个人带来压力的事件很可能并不大，但是由于此人的意志力比较薄弱，所以根本无法承受这小小的压力，于是经常出现咬手指的行为。

需要注意的是，吮吸手指和咬手指这一行为在英国人看来是具有侮辱意味的，英国人认为如果有人面对自己做出了这种行为，说明这个人在嘲笑自己不成熟，非常幼稚，就像没有长大的孩子一样。

詹姆斯·门罗是美国第五任总统，有一次詹姆斯在白宫举行了一场宴会，邀请的都是一些长期在美国和经常来美国访问的世界各地的外交官。整个宴会的氛围十分融洽，但是在宴会期间有两位外交官兵戎相见。

原来，法国外交官塞胡赫尔伯爵的位置正好被安排在了英国外交官查尔斯·沃恩伯爵的对面，而这个法国外交官并不知道咬手指在英国人看来是具有侮辱意味的。所以，塞胡赫尔在整个宴会期间总是出现轻咬手指的下意识动作。

在英国外交官讲话的时候，法国外交官依然在咬手指。这让英国外交官忍无可忍，于是愤怒地质问道："你是在对我咬手指吗？"法国外交官突然被质问，很疑惑地说："是的，先生。"

法国外交官的这一回答彻底激怒了英国外交官，查尔斯激动地冲到塞胡赫尔的面前，看起来是来挑衅的。面对查尔斯的意外举动，塞胡赫尔感到很吃惊，但是在短暂的吃惊后，塞胡赫尔马上也愤怒起来，毕竟他又没招惹查尔斯。于是，两个人马上要打起来。此时，美国总统詹姆斯当机立断，把一柄剑横在两个人中间。就这样，一场即将发生的决斗被果断地制止了。

紧闭嘴巴——竭尽全力的压抑

当一个人在与其他人进行交谈的时候，嘴巴会自然地一张一合，说一些自己想说的话。而当一个人不想说话时，他就会自然地闭上嘴巴，静静地听别人说话。也有一些人虽然闭着嘴巴不说话，但是这并不表明他不想说话。

如果一个人努力地闭紧自己的嘴巴，恰恰说明他很想说出自己内心的想法，但是由于周围的客观环境不允许，所以只好强迫自己紧闭嘴巴。

美国前总统奥巴马是民主党人士,但是在2010年11月3日的选举中,民主党失去了国会众议院的控制权和多个州长职位。在这次选举中,民主党败给了共和党,而且败得十分惨烈。

奥巴马表示,针对这次的选举结果,他感到"很糟糕"。奥巴马说:"这次选举的结果显示出,选民希望民主党和共和党能够合作,努力达成共识。"

但是,共和党众议院的领袖博纳宣誓,要废除奥巴马政府的一些关键性政策,他宣称:"共和党将要改变美国的航向。"

面对这次的选举结果,奥巴马表现得十分沮丧,因为民主党明显处于劣势。后来,奥巴马不得不在采访中向共和党示好。但是,从奥巴马紧闭嘴巴的动作中,我们可以得知,奥巴马虽然一直表示,美国经济低迷,他这个总统有着不可推卸的责任,但是他也有难言之隐。

在伊朗核计划和中东和平进程等问题上,美国政府不得不加大资金投入,所以近期内奥巴马政府根本不可能在经济上获得突破性的进展。而美国选民又希望可以选出一个权责更小、花钱更少、更负责任的政府领导。可以说,奥巴马所面临的压力是不能直接表达出来的,所以他才会出现紧闭嘴巴的动作,以表达自己难言之隐的内心活动。

所以,紧闭嘴巴常常被理解为,一个人在努力压抑自己内心的真实想法,这是一种自我控制。

王宇觉得自己可能患上了严重的强迫症,如近半年来,他每天晚上睡觉前和早晨起床后，都会用半个小时的时间刷牙。因为刷牙的时间太长，王宇感到自己的牙龈很痛，但是他也没办法，他每天不刷半个小时的牙，心里就会感到非常难受。王宇也去看过医生，虽然医生给他开了点药，但是这些药对王宇来说根本没有任何作用，为此王宇苦恼不已。

王宇有一个学心理学的同学，所以王宇就想到找这个同学谈谈自己的强迫症。两个人见面之后，自然先寒暄起来，他们聊了很多，但是王宇就是张不开口问强迫症的问题，因为在王宇看来，这是一件很丢人的事情。

所以，在两人谈话的过程中，王宇出现了许多次紧闭嘴巴的动作。这说明王宇很想询问强迫症的情况，并向对方说一说自己的问题，希望可以得到一些有价值的建议。但是，由于王宇的认知，所以话到嘴边就被压制了下来。而王宇的这一内心活动被紧闭嘴巴这一动作透露出来了。

王宇的同学也注意到了王宇紧闭嘴巴的动作，于是问道："你是不是有什么不好意思的问题要问我？"既然对方已经觉察出来了，王宇也就放下了心里的疑虑，便把自己有强迫症的事情向同学详细地叙述了一遍，并征求意见。同学在听了王宇的叙述之后，建议他去看心理医生，因为他的强迫症很可能是心理问题引起的。最后，王宇接受了同学的建议。

与紧闭嘴巴的动作比较相似的就是咬嘴唇，咬嘴唇其实也是一种努力压抑的表现。这种咬嘴唇的动作通常被认为是强迫自己保守秘密的无意识表现。

例如，警察在审讯犯罪嫌疑人的时候，可以发现有的犯罪嫌疑人经常会出现咬嘴唇的动作。根据警察的经验，这说明这个犯罪嫌疑人可能只招供了一部分的犯罪事实，他心里一定还隐藏着其他的犯罪情节，或许只是为了保护其他没有被抓住的犯罪同伙。总而言之，犯罪嫌疑人的咬嘴唇动作透露出了他努力保守秘密的内心活动。

咬嘴唇也被认为是一种释放压力的动作，当一个人非常愤怒和充满怨恨，但是又不能发泄出来的时候，就会采用咬嘴唇的动作来释放内心的苦闷。另外，咬嘴唇的动作常常表达了一个人内心的不满和紧张。

例如，英国已经过世的王妃戴安娜也经常出现咬嘴唇的动作，因为戴安娜的婚姻并没有她想象得那么幸福，相反她的丈夫对她总是很冷淡。而戴安娜和丈夫查尔斯王子是公众人物，又不得不表现出一副很恩爱的样子。

戴安娜对她丈夫的种种行为感到愤怒和怨恨，但是碍于身份又不能直接表达出来。所以戴安娜的压力得不到释放，她只好选择了咬嘴唇的下意识动作来稍微缓解精神上的焦虑。

咬嘴唇的动作其实是从人们的婴儿时期就已经开始了，它来源于婴儿的吮吸动作。例如，婴儿总是会吮吸自己的手指等。有的婴儿还会咬指甲，但是这些动作都会随着年龄的增长而逐渐消失。但是，也有一小部分人即使已经成年了，也依然保留着咬指甲的动作，这说明这些人缺乏安全感，并且也投射出他婴儿时期的生活印记，他在婴儿期没有得到母亲亲密的照顾，所以才会用吮吸手指和咬指甲来缓解内心的不安。

在林语堂的作品《风声鹤唳》中,有关女主人公梅玲(后改名为丹妮)的描写就说明了这一点。博雅在第一次见到梅玲的时候，就认为她是一个非常美丽的女性。但是博雅注意到，梅玲的指甲是参差不齐的，这说明梅玲总是咬指甲，所以才会有这样的指甲。

在《风声鹤唳》中，有关梅玲身世的描写说明了她经常咬指甲的深层原因。梅玲从小是由母亲抚养长大的，她的父亲很早就过世了。从这个层面中我们可以感觉到，梅玲的童年生活应该过得很艰辛。

梅玲的母亲是一名老师，为了能独自养活梅玲，经常把她一个人丢在家里，然后去上班。即使回到家，也是忙着批改作业，根本没有多余的时间陪伴梅玲。所以，梅玲从小便缺乏安全感，而她咬指甲的动作也说明了这一点。

这种安全感的缺乏一直伴随着梅玲，虽然她经常用咬指甲这一动作来缓解内心的焦虑，但是无法实质性地解决她内心的安全感问题。或许正是因为这样，梅玲最后才会爱上老彭。老彭是一个佛教徒，而且年龄也较大，很明显，梅玲在老彭身上得到了丧失了很多年的安全感。而这种安全感是年轻的博雅所不能给予的。

咬牙切齿——火山即将大爆发

2001 年 9 月 11 日，恐怖分子劫持了美国的四架客机，其中两架客机撞毁了纽约世贸中心的双子大厦,一架客机撞毁了华盛顿五角大楼(美国国防总部所在地)的一角，一架客机坠毁。这一恐怖袭击直接导致了

3201 人死亡，并造成了高达数千亿美元的经济损失。

当时的美国总统是小布什，面对这一恐怖袭击事件，小布什表现得十分愤怒，因为这是对美国的极大挑衅，也是在藐视他这个总统。所以，每当提到“9・11”恐怖袭击事件时，小布什总是一种咬牙切齿的表情，颇有“此仇不报誓不为人”的感觉。

“9・11”恐怖袭击事件发生后不久，美国把怀疑的目光投向了伊拉克总统萨达姆。于是，美国总统小布什准备运用军事手段来给萨达姆一个警告。小布什接二连三地下达“倒萨”的命令，并于 2002 年 9 月 14 日，要求联合国在针对伊拉克的问题上“挺直腰杆”，把萨达姆拉下台，以维持联合国的形象，也算是起到了维护世界和平的作用。小布什表示，如果联合国不把萨达姆拉下台，那么美国将独自采取军事行动，迫使萨达姆下台。

面对美国对伊拉克接二连三的打击，伊拉克的副总理终于忍不住发表声明：“美国打击伊拉克的目的就是控制中东地区的石油以及支持犹太人继续迫害巴勒斯坦人。”

当小布什听到伊拉克副总理的这一声明后，表现得十分愤怒。但是，小布什只是把自己的怒火悄悄地压制下来，并没有消失。不久之后，美国在获得了盟友英国的支持后，直接绕过了联合国，对伊拉克采取了军事手段，于是一场伊拉克战争爆发了。最后，美军终于抓获了伊拉克总统萨达姆，并把萨达姆送上了法庭，判以死刑。

牙齿对于我们人类而言，是一种摄取食物的辅助工具。许多食物对于我们的肠胃来说实在太坚硬了，不好消化，所以我们需要利用牙齿去嚼碎食物，从而才能吞咽下去，也有利于我们的消化吸收。

对于动物而言，牙齿除了可以嚼碎食物之外，最重要的作用是作为一种作战工具。对于那些食肉动物而言，它们经常会用锋利的牙齿去撕咬猎物。除了捕猎之外，动物们在争夺领地和交配对象的时候，也经常会亮出自己的武器——牙齿。

如果自己的领地被侵犯，那么动物经常会通过咬牙切齿来表达自己的愤怒。如果对方比较知趣的话，就会知难而退。但如果不是，那么这两个动物之间就会爆发一场血战。

虽然随着人类的进化和人类社会文明的进步，人们已经不再需要用牙齿来获取食物和争夺领地以及交配对象。但是当一个人非常愤怒，又不能及时发泄出来的时候，他会无意识地咬牙切齿，压制自己的愤怒。

咬牙切齿的动作并不经常出现，除非一个人的愤怒已经达到了恨的程度，但是又不好当面发泄出来时，他才会出现咬牙切齿的动作。这说明他在极力压制着自己的怒火。

所以，在与人交往的时候，如果注意到对方出现了咬牙切齿的动作，说明这个人的怒气很大，就像一座即将爆发的火山一样。如果你再继续之前的言行，将极有可能成为火山爆发的导火索，接下来对方也许会出现暴力行为以宣泄他的怒火。

面对这种情况，你只有及时地采取一些措施来使对方消火，如果做不到，那么就赶快在他的面前消失，以防止他的暴力行为伤害到你。例如，夫妻双方正在吵架，妻子突然发现自己的丈夫居然出现了咬牙切齿的动作，说明妻子已经激怒了丈夫，如果不及时结束这次争吵，这个妻子将很可能会遭受家庭暴力的危害。

当然，咬牙切齿的动作也不全是压制愤怒的表现，有时候，当一个人做决定的时候也会出现咬牙切齿的动作，这说明他的决定对他来说很困难，甚至是忍痛割爱的决定。例如，一个女子相中了两双鞋子，但是她只能买一双的时候，她就会咬牙切齿、忍痛割爱地选择一双。因为这个决定对她来说很困难，放弃哪一双鞋都很心痛。

搞怪的吐舌头——仅仅是做鬼脸吗

1951年3月，美国著名物理学家爱因斯坦迎来了自己的72岁生日，在他的生日宴会上，除了亲朋好友之外，还来了许多记者。这些记者分别为爱因斯坦拍照，爱因斯坦也表现得十分热情，在镜头面前总是洋溢着微笑。

但是由于拍摄的记者实在太多，爱因斯坦的微笑表情已经渐渐僵硬，为了在镜头面前显示自己依旧很开心，爱因斯坦做出了吐舌头的动作，以此来表示他兴奋的心情。后来这张吐舌头的照片反而比那些微笑的照片更有名气和影响力。2009年，在美国新罕布什尔州的一次拍卖会上，这幅照片以74324美元的价格成功拍卖。

爱因斯坦用吐舌头的动作来缓解他僵硬的面部表情。在现实生活中，吐舌头的动作往往有着丰富的含义。吐舌头的动作通常也是人们在做鬼脸的时候，经常会出现的一种动作。

人的舌头主要有三种功能：一是帮助进食；二是帮助说话；三是作为味觉器官存在。既然如此,吐舌头的动作就不是舌头应有的义务了。那么，为什么人类依然还保留着吐舌头的动作呢?

其实，吐舌头的动作是人类在进化过程中遗留下来的一种动作，通常表达拒绝的意思。例如，婴儿在吃奶的时候，他会在舌头的辅助之下用力地吮吸奶水，这说明舌头具有辅助进食的功能。但是当婴儿吃饱之后，他就会做出吐舌头的动作，表明他不需要继续进食了。因此，婴儿的吐舌头行为表达了他的拒绝。

长大后，人们有时候也会不自觉地用吐舌头来表达自己的拒绝。一个人之所以会拒绝接受一种事物或一个人，那是因为他感觉到了厌恶。所以说，当一个人表达自己厌恶情绪的时候，也会出现吐舌头的动作。

当然，吐舌头的动作很少出现在成年人的身上，因为在一个人成长的历程中，当他用吐舌头的鬼脸表示拒绝的时候，他的父母就会警告他，不可以做出这种吐舌头的动作。久而久之，人们学会了控制吐舌头的动作。之后遇到自己不喜欢吃的饭菜和不喜欢的人时，也不会再用吐舌头来表示厌恶和拒绝了。也就是说，人们越来越擅长掩饰自己内心真实的想法和感受。

当一个人的欲望得不到满足的时候，会通过吐舌头的动作来达到一种自我安慰的目的。例如，在电影《三傻大闹宝莱坞》中，主人公兰彻在帮助乔伊做摄像直升机的时候，失败过很多次。在又一次经历失败的时候，兰彻做出了吐舌头的动作来安慰自己。此外，当一个人遇到让自己惊讶和兴奋的情况时，也会不自觉地出现吐舌头的动作。

喝水的替代动作——紧张时吞咽口水

当你和一个人交流的时候，突然发现对方出现了吞咽口水的动作，特别是在说一些有关你的好消息时需要注意，对方其实对你的好消息并不感兴趣，甚至还有一些不高兴。

一位母亲不停地向她的好朋友夸赞自己的儿子，说自己的儿子如何优秀。而她的好朋友也有一个和她儿子年龄差不多的孩子。

在这位母亲叙述的时候，她的好朋友出现了吞咽口水的动作，而且动作显得很艰难。虽然好朋友表面上一直在祝贺这位母亲，但是她的内心其实并不这么想。

因为艰难吞咽口水的动作已经表明了这位母亲的好朋友并不是为她孩子取得成就而真心高兴，那些祝贺之语不过是敷衍之词。实际上，好朋友的内心很嫉妒，因为她在把两个人的孩子做对比，但是很显然，结果并不如意。

于是，好朋友的神经系统自动开始起作用了，她感觉到喉咙发干并吞咽口水。她用力地吞咽口水的动作已经说明，她正在极力压制自己的嫉妒之心。其实，她真正想说的话是："我受不了你了，有什么好炫耀的！"

除此之外，当一个人感到紧张时，也会出现吞咽口水的动作，以缓解他的紧张和焦虑。这是因为当一个人紧张和焦虑时，会感觉到口干舌燥，就会想喝水。其实，这是一种心理上的口渴，并不是生理上的缺水。

如果这时身边正好有一杯水的话，那么这个人会选择喝水以缓解自己的紧张和焦虑。在心理咨询的过程中，有些来访者由于需要直面自己的心理问题，经常会出现口渴的感觉，并向心理咨询师提出喝水的要求。实际上，这是一种暂时逃避问题的做法。这时心理咨询师一般都会拒绝，因为这样并不利于心理问题的解决。

在一些影视剧中我们也可以注意到，一些人在遇到突发情况时会很焦虑，于是就开始不停地喝水，似乎喝下那些水就能缓解自己的焦虑。

生活中,有不少人为了能让自己平静下来,也会采用不断喝水的方式，这种方式的确能很好地平复一个人激烈起伏的情绪。但是，如果旁边没有水的话，人们往往会吞咽口水，两者所起到的作用是一样的。

第五章

抬头低头、摇头扭头
——头部动作

点头代表同意，摇头代表不同意，头部的动作也可以在一定程度上帮助我们判断他人的想法，并且具有一定的跨文化、跨地域的共性。本章将为你讲解人们点头与低头、仰头与抬头、摇头与扭头的动作都代表了什么含义。

同意、回避或者懊悔——点头与低头

点头是一种很常见的肢体动作，而且点头的动作是所有头部动作中最常出现的一种。点头所代表的意义是认可、赞同和肯定。

在古代，点头的动作所代表的意义是根据身份的高低而定的，一般都是上级对下级、父母对子女、皇帝对大臣。地位低的人点头所代表的意义是服从，如服从上级、父母和皇帝的命令等。而地位高的人点头所代表的意义是赞同和肯定，如当一个大臣提出某项政策时，皇帝如果表示同意的话，就会点头。

点头的幅度所代表的意义也是不一样的。微微点头的动作，表明基本同意的态度；而用力点头的动作，则表明了十分赞成的态度。通常，点头的幅度越大就说明这个人肯定的态度越坚定。

在你倾听别人说话时，如果插不上话，那么你适当地做出点头的动作，对方不仅能感觉到你在认真听他说话，而且他会更愿意说下去，并且还有一种被尊重的感觉，对你也会产生好感。

虽然点头的动作所代表的意义是赞同和肯定，但是如果点头出现的次数太多的话，反而会起到相反的消极作用，会给人一种不耐烦之感。这时你点头动作所代表的意义就会发生改变，对方会认为你是在告诉他最好尽快结束这次谈话。

为了证明这种现象真的存在于我们的现实生活中，有人专门为此设计了一个实验，而实验的结果则表明这种现象确实存在。

实验者找来了12个相互之间关系比较陌生的学生参加这次实验，这12个人中有6名男性和6名女性。实验人员随机地把他们分为实验组和对照组，并两人一组互相交流，围绕“大学校园学生创业”的主题展开讨论，讨论的时间为10分钟。

在实验进行之前，实验人员要求实验组成员在第一次讨论的时候，点头的次数不少于3次，不多于5次；而在第二次讨论的时候，点头的次数不少于30次，不多于40次。

第一次谈话结束后，实验者要求对照组成员分别对实验组成员进行印象打分。结果，实验组6名成员的平均印象分为8.6分(满分为10分)；第二次谈话结束后，实验组6名成员的平均印象分为5.8分。

这个实验结果说明，第一次谈话的好印象随着第二次谈话中点头次数的过于频繁而下降。这是因为对方从频繁的点头中感觉到了不耐烦，并认为自己没有受到尊重，从而产生了不好的印象。

所以我们要注意，在与人交流的时候，一定要适当地使用点头的动作，不可频繁点头，因为这样一来，点头动作所代表的积极意义就会变味。相反，如果你在滔滔不绝地说话时，发现对方总是不断地点头，那么你最好尽快结束谈话，因为你的侃侃而谈已经让对方感到不耐烦了。

点头的动作虽然通常都会和口头上的肯定同步，但是有时也会出现相反的情况。如果一个人一边点头，一边进行着否定，说明他所说的话并不是他真实的想法，他在说谎。

2012年2月20日，当时的日本名古屋市市长河村隆之当众发表有关南京大屠杀的言论，河村隆之声称南京大屠杀根本没有发生过。河村隆之的这一言论立刻引起了很大争议，尤其是中国南京市市民强烈谴责河村隆之歪曲历史。

2月21日晚，南京市人民政府外事办公室新闻发言人当众宣布，由于现任名古屋市市长河村隆之否认南京大屠杀的事实，严重伤害了南京人民的感情，所以南京市决定暂时停止与名古屋市政府之间的官方来往。

3月5日，河村隆之请求拜访中国驻日大使馆，希望能通过外交手段恢复名古屋市与南京市之间的来往关系，但是遭到了中国大使馆的拒绝。

被拒绝之后，河村隆之又参加了一个记者招待会，招待会上一名记者问河村隆之对南京大屠杀是否真实存在过的看法。

河村隆之的回答是："我认为，中国所说的日军杀害了30万名非武装的中国人民，这不是真实的历史。"在河村隆之说这句话的时候，他却不住地点头。这个动作说明，在河村隆之的心中，南京大屠杀是真实存在的。但是由于某种客观因素，他不得不否认南京大屠杀的事实。

低头

低头的动作属于点头动作中的一部分，点头的动作是由低头和抬头动作共同构成的。低头也有接受和同意的意思，但是低头动作常代表后悔和回避。

人在低头的时候常常能把自己的面部表情成功地隐藏起来，而被隐藏起来的面部表情通常都是消极的表情。当事人之所以采用低头的动作隐藏自己的面部表情，是因为此人的面部表情很丰富，比较容易暴露出自己内心真实的想法，所以需要加以掩饰。

除此之外，当一个人羞愧的时候也会出现低头的动作。你如果在谈论让对方难为情的事情，那么当对方出现低头的动作时，说明对方已经感觉到惭愧了，你要适可而止，尽早结束那个让对方难堪和羞愧的话题。如果你一直喋喋不休地说下去，那么对方在感到羞愧之余，还会对你产生厌恶之情。

低头的动作还代表着拒绝的意思，不过代表拒绝意思的低头动作常常会伴随着扭头的动作。也就是说先低下头，然后轻轻地把头扭转到一边去。

如果你在说一些让对方羞愧的话题时，对方出现了低头并扭头的动作，那么就说明你所说的话不仅让对方感到羞愧，而且难以接受，他在拒绝你所说的一切。如果你继续说下去，极有可能会引来对方的反驳。

对于一名管理层人员来说，在员工犯错误时，批评自然是必不可少的，但是一定要把握好尺度，要不然批评的效果只会适得其反。而尺度的把握往往是通过观察对方低头的动作来确定的。

如果因为你的批评，员工的头部由最初的平视渐渐转变成了低下，那么你的批评就可以结束了。如果你继续批评下去，那么员工就会不耐烦，并且拒绝接受你的批评，尽管嘴上不会说出来，但是他的低头动作会渐渐扭转到一边，也就是不再面对着你。如果这时你依然没有停止批评，那么后果会变得越来越严重，极有可能会造成上下级反目，让员工憎恨你。

员工小华向经理汇报工作，但是在汇报的时候出了一些错误，使得经理火冒三丈，当着另一名员工的面就开始批评小华。小华也知道经理的批评是应该的，因为他确实在工作中出现了失误，于是小华感到很羞愧，并渐渐地低下了头，这说明经理的批评取得了明显的效果。

但是经理并没有适可而止，反而继续批评，在此期间，小华逐渐把低着的头扭到了另一边，并且还看着旁边桌子上的烟灰缸。经理的批评依然没有结束，反而越来越严厉。但是小华的肢体语言已经说明，经理的批评早就应该结束了。小华不仅开始拒绝，甚至有了厌恶的感觉。

没过多久，小华愤怒地拿起桌子上的烟灰缸，并用力地摔在地上，气愤地吼道："你不就是个经理吗！有什么好神气的，老子不伺候了！"然后摔门而去，留下震惊的经理。

总之，低头的动作虽然简单，但是所代表的意义很复杂，需要根据具体的情况来判断。

敬仰还是轻蔑——仰头与抬头的微妙差别

当一个人心中充满敬仰时，他会出现仰头注视的动作。这种仰头的动作在现实生活中十分常见。

例如，小孩子会仰起头请求成年人答应他的要求。小孩子之所以会出现仰视的动作，除了因为成年人具有帮助他实现愿望的能力之外，最重要的还是身高上的差异，因为小孩子的身高总是低于成年人，所以在与成年人进行交流的时候，必须仰起脑袋。

当一个人仰着脑袋注视某个人或是某个事物时，内心深处自然而然就会升起一股崇敬之意。有不少人利用了人类的这种心理。有的领导者为了显示自己的权威，让下属敬仰自己，在开会的时候，会刻意把员工的座位安排得较低，而把自己的位置安排在较高的座位上。这么做的原因在于，座位低的人由于高度的原因，不得不在交流的过程中仰视座位高的人，这样一来，就会出现仰头的动作，而这个仰头的动作往往会让人在下意识中出现一种崇敬之意。

在世界各国、各地区的宗教场所中，宗教雕塑的形象总是比照现实原型的几倍或是十几倍来放大，这是因为高大的雕塑总是能引起人们的崇敬，人们在面对比自己高大许多倍的宗教雕塑时，就会仰头并顶礼膜拜，自然也就会形成敬仰之意。

五台山是我国佛教四大名山之一，但是在五台山有一种十分奇特的现象：五台山上香火最盛之处并不是让人们心生敬意的、高大的菩萨雕塑，而是山下那些矮小的土地爷庙。这是为什么呢？

人们在面对高大的雕塑时，自然会抬头仰望并心生敬意，但是这并不代表着心理距离的拉近，虽然人们很容易崇敬那些高大的人或是事物，却无法做到在心理上与之亲近。相反，那些矮小的土地爷庙虽然不会让人心生敬意，但是感觉很亲切，所以人们常常去土地爷庙烧香，希望土地爷能帮助自己渡过难关。

但是，人们虽然和土地爷很亲近，但是并不代表着尊重，有些人内心深处看不起土地爷，因为土地爷庙的规格实在太过低下。人们虽然无法从心理上与菩萨亲近，但是从内心深处崇敬菩萨。

所以，仰头的动作虽然伴随着崇敬的心理活动，但是很难出现亲近的心理。除此之外，在现实生活中，仰头的动作往往是被动的，这是因为身高等客观因素的影响不得不仰头注视。

那么，因为这种身高差异所引起的仰头动作，是否也代表着崇敬的心理状态呢？在现实生活中，面对一个陌生人，人们为什么总是会对身高较高的人产生不错的印象呢？这种现象是否与仰头所引起的崇敬心理状态有关呢？

以下的这个实验就是一个最好的证明。实验人员找来了10名男性模特，把这10名男性模特分为5对，每一对的身高差距为5厘米左右；又找来了10名女模特，按照以上的标准划分，只不过每一对模特的身高差距在3厘米左右。

然后，实验人员请一些志愿者分别对这两组性别不同的模特进行印象评分，满分为10分。

实验的结果是，不论男性模特还是女性模特，身高较高的人所获得的印象评分都较高，平均分高达7.8分；而身高较低的人所获得的印象评分都较低，平均分为7.1分。

这个实验说明，仰头的动作不仅仅代表着崇敬的意思，同时也会影响一个人的心理活动。因为当一个人抬头仰视某一个人的时候，就会不自觉地出现敬仰的心理，从而认为对方是一个重量级人物，应该得到尊重。

当你遇到一个身高跟你差不多的人，你在和这个人进行交流的时候，自然会平视对方。于是你会认为对方是一个和你一样的人，你只会出现一种平等的心理，而不会崇敬对方。

而当你遇到一个身高比你低的人，你在和他进行交流的时候，会自然地俯视对方。这种俯视会让你心生优越感，并认为对方是一个无足轻重的小人物，根本不可能出现崇敬之感。

例如，当你登上一座高大的山峰时，你会从山顶俯瞰下面的世界，这时你内心的感受会是什么？不可能是崇敬吧？你会有一种意气风发、唯我独尊的感受，并且自信心爆满。

但是，你在没有登上这座山峰的时候，你会在山脚下仰望它，这时你的内心是什么感受呢？面对着这个比你高上千倍的庞然大物，你会藐视它吗？不会吧，你只会心生敬意，甚至是敬畏。

人们总是会有这样一种错觉，认为高个子的人靠得住，尤其是对女性而言，往往会对身高较高的男性产生好感。这种看法并不科学，但是人们似乎无法摆脱因为仰视所带来的心理影响。

在现实生活中，这种仰头所产生的效果往往是不错的。世界上每年都会有不少人攀登珠穆朗玛峰，为什么？或许就是因为珠穆朗玛峰的高度足够让人敬仰和敬畏，而成功登上珠穆朗玛峰时，人们会产生一种从未有过的成就感。因为那时你会感觉到，世界就在你的脚下。这种成就感是超越极限的高度带给你的。

在现实生活中，身高较高的人也总是占据着优势地位，美国专门做过一项有关身高与成功率之间的调查研究。

有关专家专门研究了美国历史上的46次总统竞选中，共和党与民主党候选人的身高与竞选总统成功之间的联系。结果发现，在这46次总统竞选之中，身高较高的人成功当选总统27次，占总数的59%；身高较矮的竞选者成功当选总统的次数为17次，占总数的37%。还有两次，竞选者之间的身高基本相同。

通过这项研究我们可以得知，身高比较高的人的确可以给人们留下不错的第一印象。例如，在2008年美国总统竞选中，奥巴马成功当选为总统，虽然奥巴马的成功是由多方面的原因造成的，但是奥巴马的身高也的确起到了一定的作用。奥巴马的身高为 1.85 米，而他的对手麦凯恩的身高比他低了 17 厘米。

因此，奥巴马给选民们的第一印象明显要优于麦凯恩，而第一印象往往是很重要的，并且是难以改变的。“第一印象”具体是指，在人与人第一次交往中给对方留下的印象，会在对方的头脑中占据主导型的地位，在以后的交往中很难被改变。这种第一印象的形成与身高因素存在着微妙的联系。

与仰头动作很相似的一种头部动作就是抬头，只不过幅度上有大小的区别。抬头的动作具有傲慢、强调权威和轻蔑的意思。

当一个人在表达傲慢、权威和轻蔑的时候，会抬起自己的头部，眼睛稍微向上挑起，最重要的是，会凸显出自己的下巴。总的来说，抬头的幅度没有仰头的幅度大。虽然抬头和仰头这两种头部动作只有幅度上的细微差别，但是所代表的意义有很大区别，给对方的感觉也是天壤之别。

抬头的这种动作来源于灵长类动物，如猩猩、狒狒等。当猩猩或狒狒受到侵犯的时候，它们通常都会用抬头的动作以表示自己的权威和愤怒（如图 1 所示）。它们在做出这个动作时，常常伴随着张开嘴巴、露出牙齿的动作，就是在向侵犯者示威，告诉对方自己不是好惹的。

当人们被侵犯的时候，也会做出抬头凸显下巴的动作，只不过不会像猩猩那样张大嘴巴、露出牙齿而已。例如，当两个人发生争执的时候，就会抬高自己的下巴，并用自己的下巴对着对方，其实这也是一种抬头的动作。这种动作不仅表达着自己的愤怒，同时也捍卫着自己的权威。

图 1 愤怒的猩猩

先点头后摇头——摇头动作的撒谎特征

摇头与点头的动作一样，都是日常生活中经常会出现的一种头部动作，但是所代表的意义和点头相反，是否定的意思。

有一次，英国议会正在召开会议，一位议员正在当众发表言论，但是他看到了丘吉尔正在摇头的动作，他从丘吉尔这个摇头的动作中得知，丘吉尔并不同意他所陈述的观点，于是这位议员在演讲结束之后就说了一句："我想提醒在座的诸位，我只是在发表自己的观点而已。"丘吉尔知道这位议员的这句结束语正是针对他刚才的摇头动作，于是丘吉尔就站起来说："我也提醒在座的诸位，我也只是在摇我自己的脑袋而已。"

摇头和点头虽然都是日常生活中常见的头部动作，但是点头的动作比摇头的动作使用得更频繁一些。而且，点头的动作具有撒谎的嫌疑，但是摇头的动作很少有撒谎的现象。

总的来说，摇头是人类天生就具有的一种表示拒绝的动作，所代表的意义并不复杂。但是，有些人在做摇头的动作之前，会出现轻微的点头动作，而且时间很短暂。如果出现了这种现象，那么此人摇头的动作就是虚假的，而那个轻微和短暂的点头动作才代表着他内心真实的想法。

在美剧《不要对我说谎》中,就有关于摇头前点头动作的描述。一天，主人公莱特曼正在等一个停车位，他等了很长时间终于等到了。可是正当莱特曼准备停车的时候，一辆汽车却先下手为强，抢占了莱特曼辛辛苦苦等来的车位。

可以想象，莱特曼很气愤，于是质问对方："难道你没有看到我正在等车位吗？"对方漫不经心地回答道："没有，我也在等车位。"

在这个人漫不经心的回答中，莱特曼注意到，这个人在说"没有"的时候先是轻微地点了点头，然后才做出大幅度的摇头动作，以表示自己真的没有看到。这一细节说明，对方在说谎。因为他确实看到了莱特曼正在等待一个车位，所以他在回答莱特曼的问题时，基于本能出现了点头的动作。但是，他的理智很快反应过来了，于是又用摇头的动作表明自己的清白。

所以，在一个人做出否定回答并摇头的时候，我们需要细心观察对方是否做出了点头的动作。如果出现了点头的动作，即使很轻微、短暂，那也是他真实内心的反映。这时，就不要相信他摇头的否定意义了。

除此之外，如果一个人总是频繁地从左到右或是从右到左（摇头的慢动作）看某一事物，那么这个人会认为自己并不喜欢眼前的事物。所以说，摇头的动作有时也会主导一个人的想法。

另一种视觉阻断——扭头动作

我们常常会发现这种现象，有的学生在被老师批评的时候，会选择把头扭到一边。这说明学生在拒绝接受老师的批评。

之所以会出现扭头的动作，是因为客观原因。身为学生，他不可能和老师发生争吵或是直接离开，不听老师的批评，因为这样只会把事情闹得越来越大。所以，他不得不听老师的批评。但是，他心理上又不接受老师的批评，只好把脑袋扭到一边。

扭头的动作实际上是视觉阻断现象的一种延伸，当一个人遇到自己不喜欢的人或事物时，就会产生一种不想看到的心理。而扭头的动作实际上就是让人的眼睛离开厌恶的人或事物，其实就是阻断自己的视觉。

有些没有独自生存能力的人会上街乞讨以维持生活，但是也有不少人明明有劳动能力，却依然以乞讨为生。因此，当城管执法队员遇到这种情况时，就会选择劝说和批评教育。

但是，城管队员的劝说似乎一点儿用处也没有，因为这些人下次还会继续乞讨。如果这些进行批评教育的城管队员稍微注意一下，就可以观察到在他进行批评教育的过程中，那些人根本没有听，而是把头扭到一边，实际上就是拒绝劝说。所以，无论城管队员说多少次，都不可能劝说成功。

扭头的动作在一个人还是婴儿的时候就已经出现了，当一个婴儿吃饱后，不仅会出现吐舌头的动作，还会把脑袋扭到一边，以表示自己已经吃饱了，不再需要进食，表达出了自己的拒绝。

因此，当你和一个人交流的时候，一定要重视扭头的动作。因为对方既然出现了扭头的动作，就说明他已经对你所说的一切感到了厌烦，希望你能赶快结束。如果你继续喋喋不休地说下去，不仅会让对方感到越来越厌烦，甚至还会让对方在忍无可忍的情况下直接拒绝你。

第六章

四肢最灵敏的部分
——我们的双手

在地球所有生物中，只有人类的手部是最特别的，它不仅非常灵活，而且还能表达出一个人的感受和内心活动的变化。本章将带你了解我们大拇指的活动、食指指向的方向、变化无常的中指、手部的摩擦、攥紧的拳头，来体会不同的心理感受。

手指中的老大——了解我们的大拇指

在地球所有生物中，人类的手部是最特别的。因为人类的手不仅很灵活，而且还能表达出一个人的感受和内心活动的变化。

达尔文的进化论告诉我们，在很久之前，人类的手和猩猩、猴子的手一样，属于四肢中的前肢，并不灵活。但随着物种的进化，人类逐渐学会了直立行走。这样一来，人类的前肢就被解放出来了，并形成了我们今天所说的“手”。

人类的手不仅能绘画、写字、弹奏乐器，还可以做出一些手势，这些手势其实就是手部的肢体动作。而通过这些手势能表达出我们的情绪和感情。这些都是自然界中其他生物所不具备的功能。下面，我们就先来看看手指中的老大，也就是我们的大拇指都能揭示出哪些心理秘密。

大拇指说：我顶你

在现实生活中，当一个人对他人表示由衷的赞扬时，经常会向上独立竖起自己的大拇指，其他四指则紧握成拳头的形状。

当你对另一个人向上竖起你的大拇指时，代表着你在称赞这个人，从而让对方感到自己得到了你的肯定。这说明，大拇指代表着你对他人的肯定。但是，这种手势很可能是虚假的。例如，你虽然并不看好这个人，但是迫于外界的环境，不得不向上竖起大拇指，表示对对方的称赞。这个时候，你手部的动作就和你的心理活动形成了相互违背的局面，你的手势与你的内心不相一致。

但竖起大拇指并不是在所有的国家都是赞扬的意思。在希腊，竖起大拇指则表示一种侮辱的意味，表达的意思是“多管闲事，吃饱了撑的”。

在澳大利亚、美国、南非、新西兰等国家，竖起大拇指的手势除表示赞扬的意思外，还有搭便车的意思。如果一个人想要搭便车，那么他可以站在道路旁边，然后竖起自己的大拇指。这个手势的意思是：“我想搭个便车，能不能行个方便？”

同样是独立竖起大拇指，而且其他四指也是呈拳头状紧握，但是，大拇指竖起的方向是向下的。如果出现了这样的手势，那么就与向上竖起大拇指表达的意思正好相反，带有很明显的侮辱意味。

在现实生活中，人们常常会向下竖起自己的大拇指以表示自己不满的态度。

大拇指在哪里？自信心去哪儿了？

一个人的大拇指除可以表示对他人的肯定外，通常还会泄露出你对自己的看法。而且，这种手势往往很难出现撒谎的现象，一般都是下意识的动作。

有不少男性都有把手插在裤兜里的习惯，这是一种很常见的习惯。但就是这样一个习以为常的动作，却会暴露出这名男性内心的秘密。

有些男性在把手插进裤兜里时，会把大拇指紧紧插进裤兜，而其他的四指均露在外面。也就是说，他藏起了自己的大拇指。而在肢体语言中，一个人的大拇指常常代表着这个人的自信心。那么，既然这个人把自己的大拇指隐藏在裤兜里，则说明这个人缺乏自信心。同时，也说明他缺乏安全感，对目前所面临的情况感到很不舒适。

例如，一个演讲者在当众演讲的初期很有自信心，而且为了表达对自己所陈述观点的肯定，出现了好几次尖塔式的手势。然而就在这时，一位现场听众突然当众指出了他陈述中的某个错误。紧接着，这个演讲者的手势出现了微妙的变化——尖塔式的手势消失了，他还把另一只手插进了裤兜，并将大拇指隐藏其中，其他四指露在外面。这说明，这个演讲者的自信心受到了打击。

相反，如果一个男性在把手插进裤兜时，是把其他四指插进裤兜，但是把大拇指留在外面。那么，说明这个人对自己很有自信。这种动作常常出现在一些领导人的身上。例如，美国总统约翰·肯尼迪就经常出现这种动作，作为一位年轻有为、魅力四射的美国总统，肯尼迪没有理由不自信。

除这种把手插进裤兜的动作外，其他手部动作中，大拇指的隐藏与否也同样可以反映出一个人的内心状态。例如，十指交叉的手部动作，有的人在十指交叉时会露出自己的大拇指，但是有的人会无意识地把自己的大拇指隐藏起来。如果出现了这种大拇指暂时性消失的姿势，则说明这个人的情绪正处在十分低落的状态中。

这种隐藏大拇指的手部动作通常会出现在一些没有自信心的人身上。而那些国家领导人或是一些社会地位较高的人，就不会出现隐藏大拇指的手势。

即便如此，我们也应该根据具体的环境来观察和确定大拇指的意义，因为有的国家领导人在处于一种比较紧张和消极的环境中时，也会出现这种隐藏大拇指的动作。

郑重声明还是强烈指责——食指指向何方

指责指：发怒的表现

当一个人遇到了让自己愤怒的事情，并且想要指责对方时，就会把食指向前伸出，其他四指紧握，那个向前伸着的食指与手臂大约保持在同一水平上。

这种手指姿势不仅可以充分表达出当事人的愤怒，还具有一种警告的意味。例如，当孩子做错了某事时，家长就经常会不自觉地做出这样的手势，以表达自己的愤怒，同时警告孩子不要再犯类似的错误。

教育心理学家认为这种教育是一种指责性的教育方式，虽然必不可少，但是也不可过度指责，并把这种教育方式形象地称为“食指教育”。

除指责性的教育方式外，赞扬性的教育也是一种教育方式。而向上竖起的大拇指又表示赞扬的意味，所以教育心理学家把这种以赞扬为主的教育方式称为“拇指教育”，恰好与“食指教育”相互对应。

由于经常被指责的孩子在长大以后会有多疑、胆小和不自信的表现，而那些经常被赞扬的孩子在长大以后会变得更加自信、果断和开朗，所以教育心理学家建议家长们：“竖起你的大拇指，收起你的食指。”这个建议充分显示出了大拇指和食指所代表的不同意义。

在人际交往之中，最好不要出现向前伸出食指的手势，因为这种手势不仅不礼貌，还会让对方感到你是在指责他，从而心生厌烦。

在心理咨询中，心理咨询师最忌讳出现这种手势，因为这种手势会让来访者感到自己在被否定。当一个人在面对否定自己的人时，经常会全副武装地防御，无法打开心扉，难以解决自己的心理问题，从而不利于良性的心理咨询关系的建立，甚至无法形成心理咨询关系。

虽然向前伸出食指代表着指责，最好不要出现，但是也要根据具体情况而定。有时候，这种手势也是十分必要的。例如，当一个人在进行商业谈判的时候，一般不会向前伸出手指，从而维护这次谈判的和谐氛围。但是，如果对方提出的要求十分不合理，或是做出了一些过分的、不礼貌或带有侮辱性的举动，那么，谈判者就需要在必要时刻伸出自己的食指，以表示自己的愤怒，并传达出警告的信号。这样不仅会为自己赢得谈判桌上的主动权，而且会迫使对方认清自己所处的位置。

如果向前伸出食指的动作，在过了一段时间后，出现了中指的加入，也就是中指和食指并拢向前伸出，那么，就表示这个人的内心活动出现了十分微妙的变化。

虽然这两种手势都表示人们愤怒的情绪和心理活动，但是其愤怒的程度有很大的区别。仅仅出现食指向前伸出的手势，说明这个人很愤怒，后果很严重，正处在盛怒之中。但是过了一会儿，这个人的手势出现了细微的变化，也就是出现了食指和中指并拢向前伸出的手势，多出了中指的参与，这说明此人现在尽管也处在愤怒之中，但并不是十分愤怒，而是带有一丝无奈的情绪。也可以说，这个人的火气已经消减了许多。

例如，当孩子犯了一个严重的错误又被父母发现时，父母往往会很愤怒，于是伸出食指指责孩子，并警告他不要再犯类似的错误。如果这时孩子的认错态度很好的话，那么父母的怒火就会消减一大半，毕竟事情已经发生了，而且孩子已经知道自己做错了。那么，表现在手指上的动作就是出现食指和中指并拢向前伸出，这充分说明父母已经没有之前那么生气了，但是依然还有愤怒的情绪。

食指与大拇指：OK，没问题

OK 手势的具体表现是，大拇指和食指接触并形成一个圆圈的形状，其他三根手指分别展开。这个手势代表的意思常常是："没问题。"

在电影《初恋这件小事》中，女主人公小水在对男主人公阿亮学长的告白中，由于意外得知阿亮学长和小彬学姐是恋人关系，很伤心，慌乱中掉入游泳池，全身湿透很狼狈。虽然小水马上从游泳池中爬了上来，但是依然显得狼狈不堪。为了掩饰自己的狼狈，小水决定马上离开。

但是，阿亮学长似乎很担心小水，于是问道："小水，你真的没事吗？"小水没有用语言回答这个问题，只是做出了一个 OK 的手势，表示自己真的没有问题，以掩饰自己的狼狈。

OK 的手势起源于美国。在 19 世纪美国的一次总统竞选中，有一位竞选者马丁 · 范 · 布伦，他的出生地是纽约的金德胡克，而金德胡克英文的缩写就是"OK"。因此，这位竞选者的支持者经常用 OK 的手势表示对他的支持。渐渐地，这个手势就在美国流行起来，并成为一种具有积极意义的手势。

但是这个手势并没有像胜利手势那样在世界范围内广为流传，在许多国家并不具有积极的意义，反而具有侮辱的意思。

鄙夷或者胜利——变化无常的中指

中指＋食指：胜利属于我们

食指和中指同时向上竖起，其他手指弯曲紧握，这种手势常常出现在庆祝胜利的场所或是鼓励别人和自己的情况下，被认为是表示胜利的手势。

这个手势起源于英法战争，流行于第二次世界大战。在第二次世界大战期间，温斯顿·丘吉尔临危受命成为英国的首相。那个时候，英国的局势十分危急，几乎已经到了灭亡的边缘。当时，英国和法国联合起来对抗逐渐强大的德国。但是，由于德国的军事实力太过强大，法国最终沦陷了，英法联军的残余力量不得不退往英国，以保存实力。

尽管如此，英国在与德国打仗的时候依旧力不从心，几乎就要和法国一样面临着被占领的命运。由于前线一直传来战败的消息，英国人民的信心也被打击得荡然无存了。几乎所有英国人认为，英国就要面临被德国灭亡的命运，任何抵抗都只是垂死前的挣扎而已，没有任何实际用处。

当时，整个欧洲几乎都沦陷了，被德国和意大利法西斯国家占领。英国可以说是孤军奋战。英国人民不仅要担心地面上的入侵，还要提心吊胆地注意头顶上的天空，因为德军总是派飞机轰炸英国。

但是，丘吉尔不这样认为，他的信心没有因为接二连三的战败而消减。丘吉尔总是发表公众演说，以鼓舞英国人民抵御德国法西斯进攻的信心。

丘吉尔说："我们必须取得胜利，因为没有胜利就不能生存。"在发表演说的时候，丘吉尔也不忘用手势动作来激励人们，他常常采用的动作就是食指和中指同时向上竖起的手势。

丘吉尔的这一手势很快在英国流行起来，陪伴着英国人民熬过了那段最艰苦的岁月，并赢得了最后的胜利。后来，这个表示胜利的手势在全世界范围内流行起来，并成了一个公认的、象征胜利的手势。

但是，这种手势在澳大利亚和新西兰等国家还具有"举起手来"和"抬起头来"的意思。在美国，这种手势除表示胜利的意思外，还具有侮辱性的意思。不过手势还是有细微的变化。表示胜利时，是手心朝着对方；而表示侮辱的意思时，是手背朝着对方。

自信还是不自信——看看你的手在干什么

自信的手部动作

当一个人双手自然张开，并做出与手掌合拢相似的动作时，记住只是相似的动作。这种双手合拢的动作，只需要指尖相互接触，手掌并不互相接触。这种手部动作被称为"尖塔式手势"。

如果一个人出现了尖塔式手势，说明这个人非常自信，而且感到高度的舒适，此人对目前所面临的现状很满意。

在法庭上，如果证人在陈述证词时，出现了尖塔式的手势，说明他对自己所陈述的证词十分自信，没有说谎的成分。

虽然尖塔式的手势表示一个人高度的自信心，但是摆放的位置也很重要。例如,同样是尖塔式手势,如果摆放在桌面上或是其他显眼的位置，就会给人一种高度自信的主观印象，但是如果摆放在桌子下面或是其他并不明显的位置，给人一种隐藏的感觉，那么他给人的印象就没有那么自信了。

这就涉及手部动作所表达出来的积极与消极的信息。有的手部动作会给人以积极的印象，但是有些手部动作会给人留下消极的印象。

第二次世界大战的头号战犯阿道夫·希特勒十分善于在公共场所展现他积极的手部动作，让所有的德国人感受到激励。

希特勒在第一次世界大战期间是一个无名小卒，但就是这样一个无名小卒受到了许多德国人的欢迎，那是因为希特勒是一个演讲天才，他总是能在演讲中调动起所有人激昂的情绪。其实，希特勒在上台演讲之前，没有受到过任何有关演讲方面的专业训练，他也没有任何有关演讲方面的经验。那么，希特勒的这种演讲技能到底是怎么得来的呢?

原来，希特勒在每次演讲之前都会对着镜子反复练习，尤其注重手部动作的练习。这样一来，希特勒的演讲便形成了一种独特的风格，尤其是他手部的动作，具有非常强烈的煽动性，能够调动在场几乎所有人的情绪。因此，希特勒成为当时德国人心中拯救德国的英雄人物。

既然积极的手部动作能产生这么多有利的影响，那么什么样的手部动作才是积极的呢？其实，积极的手部动作有很多种，上面介绍的尖塔式手势就是其中一种。

但积极的手部动作有时并不能给对方留下良好的印象，这取决于不同的摆放位置。在与人交流的过程中，每个人都希望能看到对方的手部动作。因为我们的大脑会在无意识中认为，手部动作其实也是交流的一部分。如果在整个交流的过程中，我们看不到对方的手部动作，就会觉得这次的交流是不完整的。

既然每个人在交流的时候都希望看到对方的手部动作，那么我们最好在与他人交流的过程中，把手摆放在一些比较明显的位置上。

尤其是在交流的过程中，你的面前有一张桌子，这时你一定要把自己的手放在桌子上面，切忌放在桌子下面。当你的手放在桌子下面的时候，对方会因为看不到你的手，而对你的信任度大大降低，有的人甚至会认为你这个人比较胆小和虚伪。

有这样一个实验，充分说明了手摆放在明显位置的好处。实验人员把志愿者分成三组。这三组志愿者中的第一小组分别和第二小组、第三小组的志愿者进行交流。

第二小组的志愿者在交流的过程中，要求把手放在桌子上面；第三小组的志愿者在交流的过程中，则要求把手放在桌子的下面。

交流的时间为 15 分钟，最后实验人员询问第一实验小组的志愿者的感受。这些志愿者表示，他们对第二小组的志愿者印象要更好些，因为他们在交流的过程中把手放在桌面上。

最后实验人员得出了这样一个结论，那些把手放在桌子下面或是其他不明显位置的人，会给交谈的对方留下鬼鬼祟祟、不坦荡，甚至虚伪的印象，总体的印象是负面和消极的；而那些把手放在桌面上或是其他明显位置的人，会给交谈的对方留下友好、坦荡、大方的印象，总体印象是正面和积极的。

例如，在考试的时候，如果考生把手放在桌面上，那么老师一般不会怀疑这个考生在作弊。但是，如果考生把手放在桌子下面，即使这个考生真的没有作弊，也会被老师认为具有作弊的嫌疑。

所以在与人交流的过程中，一定不要把你的手隐藏起来，否则即使你做出了一些积极的手部动作，也会大打折扣，对方甚至根本看不到。

自信心下降时的手势

一个人的自信心在很大程度上来源于外界的环境，尤其是他人做出的肯定。如果在一个环境中我们得到了周围人的肯定，那么我们会从心理上认为这个环境是舒适的，并随着自信心而增长。

但是，如果一个自信满满的人总是遭到周围人的否定或是攻击，那么他会觉得这个环境不舒适，会让他感到紧张，从而使他产生一种自我怀疑。这种自我怀疑是自我肯定开始瓦解的信号。

自我肯定可以导致自信，而自我怀疑只能带来自信心的动摇。最后，自我怀疑很有可能发展成自我否定，从而产生一种自卑的心理，感觉到一种巨大的压力，这种压力往往会导致焦虑情绪的产生。

那么，当一个人的心理产生这一系列变化的时候，他的手部会出现什么样的变化呢？之前我们提到过，尖塔式手势属于一种高度自信的表现。

当一个人的自信心开始动摇的时候，他的尖塔式手势就会产生变化，他的十指会相互交叉，并渐渐地紧握在一起。如果一个人出现了这种手势，则说明他不仅没有了之前的自信心，而且已经开始焦虑了。

如果一个人的内心变化是：自信与自我怀疑反反复复，经历了高度自信到自我怀疑，再到高度自信的历程。那么，这个人的手势就会出现相应的变化：尖塔式手势到十指紧握的交叉手势，再到尖塔式的手势。

所以，当我们与他人进行交流的时候，可以多注意手部动作的变化，从而揣测出对方内心的变化。

此外，这种十指交叉紧扣在一起的手势还传达出紧张的心理状态。当人们紧张的时候，有的人会十指紧扣，有的人会不断地进行双手摩擦，也就是我们通常所说的搓手。

搓手说明这个人此时很紧张，并且受到了外界的质疑。这个动作在尖锐的人际冲突之中也经常出现，它可以起到安慰的作用，从而使人们紧张的状态得到缓解，有利于缓和尖锐的矛盾。

收缩的手与发抖的手——消极手部动作

缩手动作——心虚的表现

人的手部动作不会一直保持不变，在交流的过程中，它往往会出现一些变化。这是很正常的，如果在生活中，一个人的手部没有出现任何变化，则说明这个人真的有问题，因为他实在太谨慎了。而这种过度谨慎往往因为他认为自己处于一个危险的环境中，或许他在担心自己的某种肢体语言会给自己带来不利的影响，甚至是严重的后果。

FBI 探员曾经接到过一名妇女的报案，这名妇女声称她六个月大的女儿被人劫持了。于是，FBI 探员立即让妇女留下来提供详细的线索，如她的女儿是什么时候消失的？消失的地点在哪儿？

但是，FBI 探员注意到，这位妇女在进行陈述的时候，她的肢体语言很少，尤其是手部动作，几乎没有发生过任何变化。这说明这名妇女持有一种非常谨慎的态度。但是，对于一个丢失了孩子的、焦虑的母亲而言，她根本不应该出现如此谨慎的态度，应该会出现一些表达其焦虑情绪的手部动作。但是在询问过程中，她的手部没有出现变化。

这位妇女的反常举动引起了 FBI 探员的警觉。最后，在 FBI 探员的审讯之下,这位妇女终于交代了实情。原来,她才是杀死自己女儿的凶手，她用塑料袋闷死了自己仅有六个月大的女儿。为了逃避法律责任，她才来报案，说自己的女儿被劫持了。

我们可以从这个实例中得知，人们的肢体语言出现的变化越少，越说明此人在伪装，而他说谎的嫌疑也会越大。因为当人们在与其他人进行交流的过程中，为了让对方更准确地了解自己的想法，除使用语言外，还会附加一些肢体语言。

在与人交流的过程中，我们可以注意观察一些人手部动作的变化，可以发现这些变化常常与他内心的变化相联系。但是需要注意的是，如果一个人的手部动作出现了较快的变化，说明这个人的内心活动出现了剧烈的波动。

例如，对于一对热恋中的情侣而言，他们的双手一般会握在一起。但是，如果他们之间发生了争执或是不愉快的事情，他们会无意识地抽回自己的手，虽然这个动作很短暂，但真实地反映了当事人的内心活动。

如果在与一个人进行交谈的时候，你意外地发现对方出现了缩手的动作，虽然这个缩手的动作很缓慢，也应该引起你的注意，因为这说明对方在心虚。

一群人聚在一起边吃饭边聊天，氛围十分轻松，所有人都很开心。但是不知怎么的，有人把话题转移到了资金上。这时，有一个女人说，她家最近在资金方面遇到了困难，不知道什么原因，她家的钱好像一下子就没有了。

当时，这个女人的丈夫也在场，值得注意的是，当她说到这个问题时，她丈夫的手部出现了变化。她丈夫的手渐渐地往回缩，首先是把手从桌面上缩到了桌子下面，接着又放在了自己的腿上。

这种收缩的手部动作是一种心理上逃离的信号，说明这个人感觉自己受到了威胁，想要逃离这个危险的环境。

这个丈夫之所以会在妻子提到资金方面的问题时出现缩手的动作，是因为他感到心虚，或许他们家资金短缺的现象与他脱不了干系。

原来，这个丈夫从夫妻二人共同使用的账户里取走了一笔不小的钱并用于赌博，但是都赌输了。所以，妻子才会感到自己家的钱不翼而飞了。

颤抖的手传达了什么信息？

当一个人感到紧张和压力时，他的神经递质和肾上腺素的分泌就会大大增加，从而使他的大脑向他身体的部分肌肉发出一些信号。于是，这个人的手部会出现颤抖的动作，这一过程十分短暂。

FBI探员曾经进行过一次重大的间谍调查活动，有一次他们抓住了一名男子，并怀疑这名男子是潜伏在美国的间谍。但是FBI探员没有确凿的证据。为了掌握有力的证据，FBI探员决定审讯这名嫌疑人。

在审讯的过程中，一名FBI探员一直关注着嫌疑人的肢体动作。但是，这个间谍似乎受过某种特殊的训练，在审讯中，他没有暴露出一点儿可疑的动作。

在审讯快要结束的时候，嫌疑人点燃了一支烟，然后很自然地吸起来。这时FBI探员问了一个问题，问题中有一个叫“科纳德”的名字，而科纳德是一名已被抓捕的间谍。

FBI探员注意到，尽管这名嫌疑人依然表现得很镇定，但是他的手部还是出现了一些细微的变化——手中的烟抖了一下。FBI探员为了确定他的这一手部动作不自然，便接连提到了许多无关的人名，并注意观察嫌疑人手部的动作。结果，嫌疑人再也没有出现手部颤抖的动作。这一细微反应说明，“科纳德”对嫌疑人来说是一个威胁，所以他在听到这个人的名字时，才会感到紧张和压力，从而使手部出现了短暂和细微的颤抖。

最后，在FBI探员的调查和审讯之下，嫌疑人终于承认自己是一名间谍，并在一次执行任务中接触过科纳德。

当一个人看到、听到或是想到一些不好的事情时，就会有紧张和焦虑的情绪，手部很有可能会出现颤抖的情况。这种颤抖的动作或许明显到一目了然，或许细微到很难被其他人觉察。

但是，当这个人的手中有某样物体时，颤抖的手部动作就会变得明显多了，即使是细微的颤抖也会很容易被其他人觉察到，如上面例子中的嫌疑人。如果他手中没有烟的话，他手部细微的颤抖或许并不会被FBI探员所觉察到。

手部的颤抖除了说明人们正处于紧张和压力之中，还有另外一种情况：当一个人有很强烈的积极情绪时，也可能会引起手部的颤抖。不过，这种积极的情绪一般是强烈的惊喜。例如，一个人买的彩票中奖了，而且奖金是一笔巨款，那么，此人就会被强烈的惊喜所笼罩，他的手部也就很容易出现颤抖。而这种颤抖的手部动作则表达了他积极的情绪反应。

因此，当我们看到对方颤抖的双手时，为了准确判断这个人的内心活动，需要根据周围的环境来确定。如果一个人颤抖的手部动作是因为紧张和压力引起的，那么他还会出现其他消极的肢体动作。例如，紧闭嘴巴和触摸脖子（一种典型的自我安慰动作）等。

有时，当一个人意识到自己的手部实在颤抖得太厉害了，为了掩饰，会采用紧握双手的姿势。这种姿势常常能使一个人颤抖的双手得到遏制。

不过我们还需要注意，有些人颤抖的手部和他的情绪一点儿关系也没有，只是一种单纯的生理动作。例如，帕金森综合征患者以及那些长期服用咖啡因、酒精和毒品的人，他们的手部颤抖只是生理性的表现。

跃跃欲试还是犹豫不决——双手摩擦

前文提到过，当一个人感到紧张时，就会用手摩擦自己的腿部，以缓解紧张和焦虑的情绪。那么，双手之间互相摩擦的动作代表着什么样的意义呢？

在日常生活中，双手摩擦的动作十分常见。例如，一个运动员在参加比赛之前会不由自主地不停摩擦自己的双手，情绪也显得很激动，甚至会面色红润，似乎跃跃欲试地想表现自己。

心理学家认为，一个人出现了双手摩擦的动作，说明这个人正处于一种期待的心理状态，期待着出现积极的结果。例如，一个参加赌博的人，押注过后，在等待的过程中，有不少人会不停地摩擦自己的双手，这是因为他的内心在期待着好的结果。

双手摩擦的动作有快慢之分，有些人在做双手摩擦的动作时速度非常缓慢，但是有些人的速度很快。那么，双手摩擦速度的不同是不是代表着不同的心理状态呢？

如果一个人双手摩擦的速度非常快，而且脸上的表情也是非常期待和急于表达自己，说明这个人内心十分急切地想要得到某种东西。

如果一个人双手摩擦的速度非常缓慢，而且眉头紧锁，一副不知所措的样子，说明这个人正处于一种犹豫不决的状态，很可能是遇到了难以解决的问题。

例如，如果你是一名销售人员，当你向顾客介绍产品时，顾客如果出现了双手摩擦的动作，你便可以通过其摩擦的速度来判断顾客是否决定购买这个产品。

如果顾客双手摩擦的速度很快，说明顾客已经产生了想要购买你所介绍的产品的愿望，而且还有一种迫不及待的心理。

如果顾客双手摩擦的速度很慢，则说明你需要再接再厉，因为顾客这时正处于一种犹豫和矛盾的心理，他正在思考着到底要不要购买你所介绍的产品。

因此，当我们看到对方出现摩擦双手的动作时，需要根据不同的速度来猜测一个人的内心活动。除此之外，双手摩擦的动作也会受到环境的影响。在寒冷的冬天，人们往往会不停地快速摩擦自己的双手来取暖。在这种情况下，摩擦双手的动作就不具有任何心理意义，只是一种生理反应而已。

大拇指在哪里——大人与小孩的拳头

紧握拳头的手部动作在日常生活中十分常见，许多人都认为紧握拳头的动作只有一种，但实际上有两种，而这两种不同的紧握拳头的动作反映的心理状态也有着天壤之别。

正常情况下，一个成年人紧握拳头时，会把大拇指放在食指和中指上，也就是把大拇指裸露出来（如图 2 所示）。这是一种很常见的拳头动作，被称为“成人式握拳”。

图 2　成人式握拳

成人式握拳动作常常代表着下定决心。当一个人决定做某件事情时，就会不自觉地做出成人式握拳的动作，似乎是在帮助自己下定决心。

一些政治人物在演讲的时候十分善于运用成人式拳头动作，因为挥舞拳头的动作不仅能表达出演讲者的决心，从而让台下的观众感受到演讲者的强大意志，而且能使听众们的立场变得更坚定，毫不犹豫地相信演讲者。在此，握拳的动作不仅仅代表着决心，还具有坚定不移和鼓舞斗志的作用。

除此之外，成人式握拳动作还代表着愤怒，有时会被当成一种充满敌意的表现。如果两个人发生了激烈的争吵，其中一个人很愤怒就会紧紧地握拳。这时对方认为自己会受到攻击，于是他也会紧握拳头。两个人就很有可能出现互殴的情况。

所以，人们在紧握拳头的时候，会下意识地把自己的拳头隐藏起来，如插进口袋、藏在身后等。这时，也说明这个人正在压抑着自己的愤怒情绪，不想用暴力解决问题，因为向对方挥舞拳头就意味着暴力。

有些人在批评一个人的时候，会紧握拳头敲击桌子，这种动作代表着严重的警告，不允许再次出现类似的错误。

除成人式的握拳姿势外，还有一种被称为婴儿式握拳姿势（如图3所示）。如果你注意观察，就会发现婴儿的握拳姿势和成年人不一样，他通常都会把自己的大拇指隐藏起来，用其他四指掩盖住大拇指。

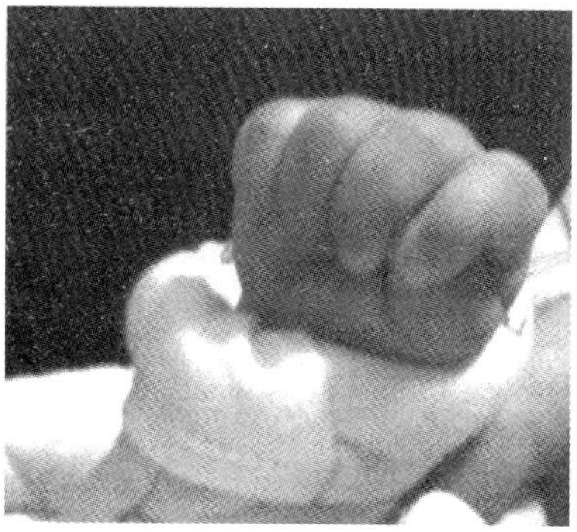

图3 婴儿式握拳

虽然婴儿经常出现这种握拳姿势，但是并不表明成年人完全不会出现这种握拳姿势。有一些成年人也会经常采用婴儿式的握拳姿势。

如果一个成年人经常出现婴儿式的握拳姿势，说明这个人的性格比较软弱或怯懦，而且他还是一个缺乏安全感的人，渴望得到外界的认可和帮助。

如果一个成年人在某种情况下偶然出现了婴儿式的握拳姿势，说明他当时处于一种不舒适的状态，或是感觉自己受到了威胁。当一个人受到意外的惊吓时，很容易出现婴儿式的握拳姿势。

在寒冷的冬天，人们往往会出现握拳的姿势，因为这样可以保证手部的温暖。如果你没有戴手套，衣服上也没有口袋，只能紧握拳头时，你就会出现婴儿式的握拳姿势。因为寒冷的天气让你感到了不适，甚至可以说寒冷对你产生了威胁。

第七章

不老实的手
——它在寻找安慰

除了通过手指不同的造型能表达人们的想法以外，我们的手触摸不同的身体部位，也可以表示，我们此刻的心情是什么样的。比如，面试前非常紧张，我们会通过搓腿来缓解焦虑的情绪。本章还将为你介绍抚摸颈部、触摸鼻子和捂住耳朵的意义。

给自己一点安慰——搓腿动作

当一个人面对压力、感到紧张时，会用手去搓自己的腿部，从而达到一种自我安慰的目的。事实证明，搓腿动作的确能缓解一个人的紧张感。

一些警察在审问犯罪嫌疑人的时候，经常会注意对方是否出现了搓腿的动作。有的犯罪嫌疑人在观看犯罪现场的照片时，会出现不断搓腿的动作，这说明犯罪现场让他感到了紧张，所以他需要依靠搓腿的动作来缓解自己的紧张。

有的警察还注意到，犯罪嫌疑人的搓腿动作会随着问题难度的增加而逐渐频繁，而且搓腿的力度也会加深。这说明这些问题让犯罪嫌疑人感觉到不舒服。如果这时警察再继续逼问犯罪嫌疑人一些他不想回答的问题，他搓腿的动作会变得更加频繁和用力，那么他接下来所回答的话基本上都是谎言。

虽然我们可以通过观察对方的搓腿动作来推测他紧张的心理状态，但是搓腿的动作常常被人们忽略，因为在许多场合中，人们在谈话的时候都有桌子遮掩腿部，而搓腿的动作自然观察不到。那么，当我们的面前有桌子时，应该怎样判断对方是否搓腿了呢?

通常当一个人要搓腿时，他的手就会慢慢地移到桌子下面。所以，当你看到对方把手移到桌子下面的时候，你基本上就可以推测出对方要出现搓腿的动作了。如果搓腿的次数很频繁，而且幅度又比较大，你还可以通过观察对方手臂和肩膀抖动的动作来判断。

安慰最重要的部位——抚摸颈部

用手抚摸颈部是一种常见的安慰行为，安慰行为会泄露一个人内心的许多秘密，似乎在告诉人们，你感到不自在。

颈部是人身体上的重要部位。我们脖子内部的生理结构十分复杂，分布着许多神经末梢。当一个人被愤怒、焦虑、恐惧的负面情绪笼罩的时候，他脖子两侧的动脉会出现充血的状态，这个时候他的血液升温，表现出来就是脖子变得粗壮，脸部变得红润，所谓“脸红脖子粗”说的就是这个生理变化过程。

所以，当我们愤怒、焦虑和恐惧时，就会用手去按摩自己的脖子。这个方法往往能产生十分神奇的效果，它不仅可以使人们降低血压和心率，而且还能有效地缓解内心的恐惧和焦虑，使我们的心情恢复平静的状态。

FBI 探员在一次侦查过程中，怀疑一名携带武器的危险逃犯可能隐藏在他母亲的家中，于是决定上门调查。当 FBI 探员敲门后，一名年纪很大的老妇人打开了门，在 FBI 探员出示证件并且说明来意之后，老妇人请 FBI 探员进入屋里。

FBI 探员照例向老妇人询问了一些问题，当 FBI 探员问道：“你儿子在家吗？”老妇人很明显地把手放在自己的脖子处，然后回答：“不，没有，他不在这里。”

虽然这个动作已经引起了 FBI 探员的怀疑，但是为了进一步确定，他们又问了一些毫不相关的问题。过了一段时间后，FBI 探员又把问题转移到老妇人的儿子身上：“您儿子会不会在您外出的时候，趁机回到了家中，而你却不知道？”这次，老妇人又把手放在自己的脖子上，然后回答说：“不，应该不会的。”这时，FBI 探员已经基本可以肯定，逃犯就在这栋房子中，但是由于他没有直接搜查的权利，便与老妇人告别了。

在离开之前，FBI 探员问了最后一个关键性的问题：“既然如此，那么我就要结束这次调查了，您确定您的儿子不在这栋房子中吗？”老妇人又把手放在她的脖子上，然后回答说：“我确定。”

根据老妇人这一系列表里不一的反应，FBI 探员肯定那个逃犯就在这里。于是，FBI 探员回去之后，马上申请了搜查令。搜查的结果证明了 FBI 探员的判断，那个逃犯就藏匿在他母亲的住处。

虽然许多人在焦虑、恐惧和愤怒时，都会用抚摸脖子的行为来缓解自己的消极情绪，但是男女之间抚摸脖子的动作还是有差别的。

通常，男性抚摸脖子的力度比较大，尤其是在说谎的时候会更用力。因为大力地抚摸脖子可以刺激颈部的神经，从而降低心率和血压，达到让自己冷静下来的效果。有些男性用力过大时，他的脖子上甚至会出现一道红印。

但是，也有一些男性抚摸脖子的动作很轻微，只是轻轻地用手指抚摸脖子的两侧或是后侧。有时，有的男性还会松一松自己的衣领或是领带、解开衣扣等。其实，这些行为都是抚摸脖子的安慰行为的延伸，也说明了当事人内心的不安与焦虑。

我们除了要注意用手抚摸脖子这样明显的安慰行为之外，还需要多多注意他人脖子的变化，特别是男性。在一些特定的环境下，人们并不会用手去抚摸自己的脖子，以达到自我安慰的目的。此时我们可以通过观察他们脖子的状态来猜测他们真实的内心活动。如果一个人的脖子突然变粗，甚至伴随着青筋鼓起，并且脖子处的皮肤发红，说明这个人的内心非常紧张不安、情绪激动。

一名警察在火车站的候车室进行检查的时候，成功抓获了一名小偷。这名警察是通过观察小偷的肢体语言从而成功实施抓捕的。

警察在巡检时突然发现正在进站的旅客中有一名男子的动作很不正常，与周围其他旅客都不一样。这名男子右边的肩膀高高耸起，右胳膊抬高，左手拿着一件衣服，而这件衣服正好遮挡着他的右手，这说明他的右手正在做着一些见不得人的事情。最重要的是，这名男子的身体紧紧地贴着左前方那个身着西装的男人。

正在这名警察为男子奇异的姿势感到疑惑的时候，警察注意到男子的脖子明显变得粗壮，而且脖子上的青筋突起，脖子上的皮肤也微微发红。只不过，这种脖子上的反应只维持了几十秒的时间，很短暂。

几十秒之后，男子的脖子恢复了正常，不红也不粗，脖子上突起的青筋也不见了。最重要的是，警察感觉到这名男子似乎得到了一种放松，并且和那名身着西装的男人之间的距离也拉开了一些。

于是，这名警察肯定此人是一名小偷，而刚才他正在行窃并且已经得手了。说时迟，那时快，警察果断地上前抓住了那名可疑男子的右手。

果然，男子的右手上正拿着一叠百元大钞，甚至还没来得及收起来，就已经人赃并获了。

女性在感到焦虑、恐惧和愤怒时，虽然也会用手去抚摸自己的脖子以达到自我安慰的目的，但是她们的动作往往很轻微，看起来也很文雅。

如果一个女性正好佩戴项链的话，她一般会选择扭转或是把玩自己的项链，这往往也能起到自我安慰的作用。如果这名女性不再把玩自己的项链，而是把手伸向了颈窝处（锁骨的位置），说明她已经由简单的紧张转变成了焦虑和不安。

女性一般会用右手捂住自己的颈窝处，左手托着右臂的手肘处。压力相对减轻时，她的右手会降低一些，并且会随着压力的降低而渐渐降低，离开颈窝处，最终松弛下来，紧紧抓住左臂。这说明她已经没有刚才那么焦虑了。但如果压力再次袭来时，她会恢复之前的姿势。

一名警察正在火车上进行正常的巡检工作，当时他正在检查几个年轻小伙子的身份证，就在检查快要结束的时候，这名警察突然注意到坐在窗户边的年轻女人很紧张，而且显得局促不安。

他看到这名年轻女子正在扭动和抚摸自己脖子上的项链，右手偶尔会掩盖住自己的颈窝处，并且眼睛还时不时地转移到这名警察的身上，就好像一个做错事的孩子一样，担心受到某种惩罚。

这只是一次简单的身份确认而已，根本不应该引起一个人的紧张。因此，这个举止异常的女性引起了警察的注意。她的举动说明她的内心一定承受着某种巨大的压力，而正常的检查怎么会引起她这么大的压力呢？这说明她一定有其他见不得人的事情。

于是，警察把这位女子带到了更衣室，并让一名女警对她进行了十分仔细的搜身检查。结果证明了这名警察的猜测，女警在搜身的过程中，从这名女子的发髻中发现了10克海洛因。

值得一提的是，怀孕的女性在紧张的时候虽然也会做出用手抚摸脖子的动作，但是最后她会把手放在自己的肚子上，就好像要用手保护自己的孩子一样。

鼻子为什么发痒——触摸鼻子

童话故事《木偶奇遇记》中的主人公匹诺曹是一个爱撒谎的小孩，但是匹诺曹只要一撒谎，他的鼻子就会变长，十分难看，所以匹诺曹再也不敢撒谎了，最后终于改掉了爱撒谎的毛病，变成了一个诚实的小孩。

虽然这只是童话故事，但是也具有一定的科学依据。美国科学家通过研究发现，当一个人说谎时，一种化学物质会被释放出来，进而引起鼻子内部细胞的膨胀，但是这种膨胀以我们的肉眼根本观察不到。

另外，人们在撒谎的时候，血压会上升，这又会引起鼻子内部细胞的膨胀，于是鼻子内部的神经末梢会产生一种刺痒的感觉。这时，人们就会用手去触摸自己的鼻子，以缓解鼻子发痒的感觉。

美国神经学者阿兰·赫希和精神病学者查尔斯·沃尔夫曾经深入研

究过美国前总统比尔·克林顿在性丑闻事件爆发后向陪审团辩解的视频。他们注意到，克林顿在这段视频中总是触摸自己的鼻子，大约每隔4分钟就会触摸一次，整个视频中一共触摸了26次以上。频繁触摸鼻子的举动已经说明了克林顿在说谎，而性丑闻事件是真实的。

为了证明触摸鼻子的动作并不是克林顿的习惯性动作，这两位学者还研究了克林顿其他讲话的视频。通过研究发现，当克林顿做诚实回答的时候，他完全不会触摸自己的鼻子，而是十分自信。而当克林顿说谎时的基本肢体动作是，眉头不经意间轻轻一皱，然后用手去触摸自己的鼻子。

说谎时触摸鼻子的研究结果不仅适用于美国人，同样也适用于中国人。

小旭是一名交通肇事逃逸者，但是最后他还是被警察抓住了。在审讯的过程中，警察问了许多问题，小旭一直保持着沉默。但是，当警察问他把车卖给谁的时候，小旭突然张口回答了："我忘了，时间隔得太长了。"警察注意到小旭在回答这个问题的时候，用手轻轻地蹭了一下自己的鼻子。

于是，警察可以确定小旭根本没有忘记，便继续问道："你仔细想想，肇事后你到底将车子卖给了谁？"小旭觉得实在隐瞒不下去了，于是思考了一会儿说出了一个人的名字。但是，小旭在说这个人名字的时候，又用手轻轻地蹭了一下鼻子，这说明他仍然没有老实交代。

警察看到小旭不肯说实话，在问了一些不相关的问题后匆匆结束了这次审问。在休息了一段时间后，警察开始继续审问。最后，小旭在警察反复不断的审问中终于坦白了实情。

原来小旭在肇事之后，马上把自己的车开到了两百多里路以外的偏僻县城，并简单地把车修理了一番，以低价卖给了自己的一个远房亲戚。

如果一个人患上了鼻炎、对花粉过敏、鼻子内钻进了虫子或是鼻子正常发痒时，也会用手去触摸自己的鼻子。那么，我们在观察的过程中应该如何去判断对方到底是正常鼻子发痒还是说谎呢?

我们只需要观察他触摸鼻子的力度就可以了。如果一个人的鼻子是正常发痒或是有其他情况时，人们会用力地触摸自己的鼻子，因为只有这样才能消除刺痒的感觉。

但是，如果一个人是因为撒谎而触摸鼻子的话，其力度会很轻。通常情况下，只是用手简单地蹭一下鼻子，而且动作很迅速，时间也会非常短暂。

我们还可以通过对方触摸鼻子的次数来判断对方是否真的在说谎。如果你在与人谈话的过程中，观察到对方只是触摸了一次鼻子，那么你就不能武断地认为对方是在撒谎。但是，如果在短时间内，对方触摸鼻子的次数很多，那么基本上就可以肯定他在说谎，你最好不要相信对方所说的内容。

此外，一个人在说谎的时候，除了会触摸自己的鼻子以外，还会伴随着其他的肢体动作。你可以把这些肢体动作当成一种辅助你观察判断的依据。例如，用手去触摸脸部、扶眼镜、触摸下巴等。这些动作表明了这个人处于紧张的状态，如果再加上触摸鼻子的动作，那么基本上就可以确定对方是在说谎。

一名男子在婚介所的介绍下，认识了一个女孩。这个女孩虽然有过婚姻经历，但是个人条件很好，不仅家境富裕，人长得漂亮，而且性格也好。这名男子很中意她，于是两人约好见面，但是女孩要求在见面的时候带上自己的母亲，因为她的性格比较内向。男子没多想就答应了。

见面之后，男子看到女孩长得很漂亮，于是就动心了。但是在聊天的时候，女孩却很少说话，一般都是她母亲在和男子聊天。男子也没多想，认为这是因为女孩性格内向的原因。

随着话题的深入，男子问到了女孩前夫的事情。于是，女孩的母亲开始陈述女孩的整个婚姻经历，但是在这个过程中，女孩的母亲一共发生了三次用手轻轻触摸鼻子的举动。

第一次只是手指在鼻尖上轻轻地触碰了一下，然后迅速放下；第二次准备用手去触碰鼻子时，突然改了方向，用手去扶了一下眼镜，然后才触碰了一下鼻子；第三次时，她直接把一只手攥成了拳头，并放在鼻子和嘴巴之间，而拳头正好轻轻地挨着她的鼻子。

看到女孩母亲这些动作反应后，男子的热情一下子就降温了，因为不知怎么的，他突然想起了婚托。为了防止自己被骗，这名男子就多留了一个心眼儿。

一个月后，这名男子得到消息，那对母女果真是一对经验丰富的婚托，而且已经被抓捕归案了。婚介所也因此关门了。

捂住自己的耳朵——听觉阻断

耳朵不仅是人体的听觉器官，同样能表达出人们的情绪。当一个人对外界的声音很感兴趣时，就会把自己的耳朵对准声源的位置，想听得更清楚一些。有的人甚至会用手托着自己的下巴，认真地听，而且身体会一直保持静止的状态。

如果一个人对所听到的声音不感兴趣或是不愿意受到这个声音的影响时，就会用手捂住耳朵或是用手掏耳朵的动作来表达自己的不满，这种行为被称为听觉阻断。

听觉阻断行为出现的原因主要有两种。一种是当事人不想听到某个信息或是噪声，在意识的支配下做出了听觉阻断的行为。这时听觉阻断所代表的心理意义很简单，就是一种拒绝。

另一种是由于反感和厌恶引起的，常常具有一定的心理压力。这时，这种听觉阻断行为就是被迫的，人们往往意识不到自己在捂耳朵或是摸耳朵。

当一个人被批评、被指责时，他的心理压力往往会很大，于是他的血压会升高，从而导致其耳朵表面的温度升高。这个人会感觉自己的耳朵又热又胀，便会用手去摸耳朵、拉耳朵、捂耳朵等，做出一些与耳朵相关的安慰动作。

一个领导在召开会议的时候，首先表扬了一些人，而那些被表扬的人都很高兴，一个个都笑得合不拢嘴。接下来，领导又开始批评一些人，在领导刚开始批评的时候，一个小伙子就用手掏了一下耳朵。在整个过程中，小伙子一共出现了四次掏耳朵的动作。而其他没有被批评的人则没有出现掏耳朵的动作。这说明小伙子面对当众的批评和指责时感到了巨大的压力，于是就用掏耳朵的动作来表达自己的不满。

虽然每个人都会出现听觉阻断的行为，但是男女之间的听觉阻断行为还是有很大差异的。男性一般都会用摸耳朵、拉耳朵、掏耳朵、捂耳朵这些动作来表示自己的压力；而女性一般会用手摸耳环或是捏耳垂来表示自己的压力。

第八章

双臂连心

——手臂的心事

你是否想过我们的手臂也可以像面部表情一样,传递自己的想法呢?比如，交叉双臂表示拒绝的意思，本章将为你详细讲解双臂环抱与双手隐藏、抱着枕头、手臂的伸展、双手叉腰或抱头、手臂的触碰、拥抱等的含义。

手臂受到拘束了吗——不同心理的象征

当我们的祖先学会直立行走后，就把手和手臂解放了，从此以后，人们的手臂和手都变得更加灵活。我们的手臂不仅能帮助我们处理很多日常事务，如搬东西、抓东西等，还能保护我们免受伤害。在我们遇到威胁时，我们的手臂总会在第一时间做出防御的动作。对于人类来说，我们的身体上有两个部位最为关键——大脑和心脏。而我们在遇到危险的时候，第一反应往往就是用手臂护着这两个部位以防止受到伤害。例如，当你意识到有一个物体以很快的速度向你袭来时，你的第一反应就是双臂抱头。

在遇到危险时，我们本能的反应也是用手臂去遮挡，尽管这种遮挡根本起不到保护的作用，但是我们依然会基于本能这样做。例如，当一名警察在执行任务时，歹徒向他开枪。虽然这种危险已经无法避免，但是这个警察还是会做出用手臂去遮挡子弹的动作。尽管这种动作是徒劳的，他依然会被子弹伤害，但是他还是会用手臂去遮挡，因为这是一种本能反应。这时，遮挡的手臂动作表达了这名警察的恐惧心理。

在人类进化和发展的过程中，手臂和腿脚一样都是帮助人们保命的重要工具。腿脚和手臂所呈现出来的肢体语言的诚实度很高，所以，它们能够给我们提供可靠的肢体语言线索，从而准确地把握对方的内心活动。

我们在观察一个人的肢体语言时，总会忽视手臂的动作。其实，手臂动作往往能充分表达出一个人的内心感情，而且不易伪装。

无拘无束的手臂

我们的手臂很灵活，总是能做出各种各样的动作。在这些手臂动作中，主要可以划分为两种：一种是拘束型，另一种是无拘无束型。这两种手臂动作与人的内心活动密切相关。

当我们很开心时，就会出现无拘无束的手臂动作。这时我们的手臂动作是不受地球重力束缚的，想做出什么样的动作就做出什么样的动作。例如，在我们欢呼的时候，经常会高举手臂。

手臂上的动作不仅能诚实地反映一个人的内心活动，而且反映十分迅速。也就是说，我们可以通过观察对方的手臂动作，从而及时地得知对方的内心变化。

例如，当球迷在观看球赛时，他手臂上的动作与他的内心活动以及球赛的胜负密切相关。当球队进球的时候，球迷的手臂会立刻向上举起。但是，如果进球被裁判宣布无效，球迷高举的手臂马上就会垂落下来。这种手臂上的动作很快也很及时，并且真实反映了这个人的内心变化。

这种无拘无束的手臂动作，在孩子们玩耍的时候经常出现。他们的手臂会自由地挥舞，或是做出许多动作，显得非常灵活。但是，如果这种灵活的手臂动作突然消失的话，说明他们的积极情绪受到了影响，也许是和小伙伴们闹别扭了；也可能是看到了自己不愿意看到的事物，或许是感到自己受到了威胁等。原因有很多，但是结果只有一个，那就是他的好心情受到了影响，他已经没有之前那么开心了。

在一家游泳馆，有一个小女孩正在和其他的小伙伴们玩耍，她似乎很高兴，不仅满脸笑容，而且手臂上的动作也很多。这说明，小女孩在这个氛围中很快乐，而且很放松。

但是就在这时，一个中年妇女出现了。她来到了小女孩身边，虽然什么也没有说，但是小女孩的反应与之前的快乐形成了鲜明的对比。小女孩的笑容消失了，她手臂上的动作也减少了。也就是说，她的手臂动作已经从无拘无束型转变成拘束型。

从小女孩的手臂动作的变化中，我们可以推测出，她的情绪已经从之前的快乐转变成了消极的情绪。而这些变化正好出现在中年妇女到来的时候。

这说明，中年妇女让小女孩感到了威胁。而这个中年妇女是小女孩的母亲。由此我们可以推断出，小女孩和母亲的关系并不好，或许因为母亲总是会很严厉地对待她。所以在母亲出现时，小女孩才会有这种紧张的状态，她或许是在担心母亲的责备。

人们手臂上的动作是可以被感染的。例如，在观看球赛或是演唱会时，人们很容易被现场那种热烈的气氛所影响，从而像其他人一样高举手臂，欢呼起来。

拘束型的手臂动作

当一个人处于积极的情绪状态时，他手臂上的动作会很多。相反，如果一个人处于消极的情绪状态时，他就会无意识地限制自己手臂上的动作，也就是我们提到的拘束型手臂动作。

当小偷想要偷东西时，他除了会东张西望之外，手臂上的动作也会很少，这是为了避免引起其他人的注意。但一个人出现拘束型的手臂动作，正好说明了他的内心活动。

一个海关检查员曾经这样介绍他的工作技巧。他在检查入境人员时，总是会注意这些人的手臂动作。如果一个人携带贵重物品或是违禁物品时，他的手臂会紧紧地抓住自己的手提包。手臂这种抓紧的动作几乎不会出现变化，但是会随着海关检查的临近而下意识地渐渐抓紧。

交叉手的动作主要是指，双臂自然下垂，两只手相互交叉，并放在腹部位置。这种手臂姿势通常表示此人认真和恭敬，但是也可以表示他的内心很焦虑。这种手臂动作表达的意思通常是自我安慰。

在与其他人进行交流时，如果一个人感觉到了尴尬或是焦虑时，就会出现这种交叉手的动作，这种动作往往能起到缓解其内心焦虑的作用。

如果你和一个人交流的时候，对方出现了交叉手的动作，说明这个人的确在认真听你说话。但是，并不一定认可你所陈述的观点。因为这种手臂动作说明对方的情绪并不是积极的，而且交叉的双手是一种闭合的动作，暗含着拒绝的意思。

如果在交流的过程中，对方交叉手的姿势渐渐消失了，双手自然打开，而且在你说话时，对方还伴随着点头的动作，说明这个人已经开始接受你的观点了。但是，如果对方渐渐地把这种交叉手的动作演变成紧抱双臂的动作，则说明对方根本不可能接受你的观点。

当一个人在承认错误的时候，会采用双臂自然下垂且双手置于双腿两侧，还会伴随着自然低头和眼皮下垂的动作。这种动作常常被认为是一种认错时典型的动作。例如，老师在批评学生的时候，为了让学生接受批评，会让学生在站立时，身体站直且双臂下垂。老师似乎认为这种态度会让学生更容易接受自己的批评。

可以肯定，这种做法也有一定的道理，因为当一个人做出这种双臂自然下垂，放于双腿两侧的动作时，其接受批评的程度以及产生愧疚的心理会相对容易很多。

当然，如果一个人嘴上没有认错，但是他已经做出了这种姿势，说明这个人的内心虽然感到愧疚，但还是有一种逃避的意思，不敢直视目前的状况。

例如,当你和一个人争辩某一个问题时,你发现对方出现了这种动作，那么你需要见好就收，别再不依不饶。因为对方的姿势已经说明他认同了你的观点，只是嘴上没有承认而已。如果你给对方一个台阶，那么对方会很感激你；但如果你依然不依不饶地争论下去，对方则会对你心生厌恶。

如果你是一个领导，在批评下属时，对方出现了这种动作，那么你的批评就该停止了。因为对方已经认错，他已经感到后悔和惭愧了。

人的手臂在自然下垂时，还会出现把手插进裤兜的动作。如果出现了这种动作,说明这个人对眼前所发生的事情持一种漠不关心的态度。

例如，一个老人不小心摔倒了，这时正好有四个年轻人路过。其中两个年轻人快速走到老人身边，把老人扶起。另外两个年轻人也跟了过去，但是他们把手伸进了裤兜里。这一手臂动作说明，这两个年轻人根本不愿意管“闲事”，但是由于那两个扶老人的年轻人是和自己一起的，所以不得不走过去。因此，他们的内心依然是漠不关心的，所以才会在行走的过程中，把手放进裤兜里。

当然，这个动作需要区别一些特殊的情况，如在天气寒冷时，人们经常会做出把手放进口袋的动作，但只是为了取暖而已。

拒绝与自我保护——双臂环抱与双手隐藏

紧抱双臂

当我们被消极的情绪笼罩时，表现在手臂上的动作就是收回，最典型的动作就是抱紧双臂。这既是一种拒绝的动作，也代表着自我安慰。

如果一个母亲很担心自己的孩子在和比较粗鲁的伙伴一起玩耍中受到伤害，但是她又不能直接过去阻止时，就会出现紧抱双臂的动作。这个动作说明，她很难介入孩子们的玩耍中，可是又希望自己的孩子不受到伤害，所以只好站在旁边，紧抱双臂观看，表现出她不仅拒绝孩子和这些粗鲁的伙伴一起玩耍的态度，也表现出她自我安慰的一面。

当两个人在谈话的过程中发生了争执，也会出现这种紧抱双臂的姿势。这不仅说明他们无法接受对方的观点，也起到一种自我保护的作用。这种紧抱双臂的动作并不具有攻击性，只是想要保护好自己而已。如果他们向前伸出自己的手臂，那么这种动作很可能会在这种特殊紧张的气氛中被对方误解为一种攻击性的动作，从而使言语上的不和演变成肢体上的伤害，也就是我们通常所称的打架。

所以从这个层面上讲，这种紧抱双臂的动作还具有一种抑制的作用，抑制住自己动手的冲动，避免引起不必要的冲突。实际上，这也是一种自我保护。如果你和其他人打架，即使自己打赢了，也依然会受伤，这是无法避免的。

然而，紧抱双臂的动作会给对方一种无法接近和被拒绝的感觉，所以最好不要在人际交往的过程中出现。

当一个人在上台演讲的时候，他演讲的情绪常会受到台下观众手臂动作的影响。如果他的演讲十分受欢迎的话，那么台下的观众就会高举双手，以表示他们认同演讲的内容。这种热烈的氛围会极大地激起演讲者的自信心，从而使演讲者更加自信地演讲下去。

即使没有这么好的氛围，如果台下观众的手臂是开放式的，也会使演讲者自信地继续演讲。因为这说明，即使演讲者的演讲没有得到十分热烈的欢迎，但是台下的观众最起码还是接受自己演讲的内容的。

但是，如果台下的观众大多数都采用紧抱双臂的动作，那么演讲者的信心会受到不小的打击。因为演讲者感受到了台下观众们拒绝的意味，这说明自己演讲的内容并不被接受，从而自信心下降。

所以在人际交往中，我们尽量不要出现这种紧抱双臂的动作，而要多采用开放式的动作，因为对方可以从你的手臂动作中感受到自己是否受欢迎。如果你多采用开放式的手臂动作，那么对方会认为你是欢迎他的，从而有利于良好人际关系的建立。

消失的双手

如果说紧抱双臂会造成人与人之间的距离的话，那么把两只手交叉起来背到身体的后面，只会使人与人之间的距离拉得更大。

这种动作经常会出现在一些领导人的身上。这种把手臂放在身体后面，并且从正面看不到这个人手的姿势也被称为“帝王的站姿”。因为这种姿势不仅能与周围的人拉开距离，也可以维持自己的权威。

虽然这个动作常常被一些领导人所用，但是动作的起源并不代表着权威的意思。这个动作起源于中国古代押解犯人。为了防止犯人逃脱，监管人员就把犯人的手用绳子绑在他的身体后面。这样一来，犯人就没有逃走的可能了。但是也有一些犯人，会在行走的过程中想办法挣脱绳索，然后逃跑。

因此，这种把手背在身后的姿势也有了一层约束的意思。例如，在幼儿园中，老师们一般都会要求孩子们把双手背在身后。因为幼儿园中的孩子年龄一般都比较小，活泼好动，总会管不住自己，扰乱课堂纪律。所以，老师们才会要求孩子们把手背在身后，这样一来就会起到一种无形的约束作用。这种姿势对维持课堂纪律来说是十分有效的。

在人际交往中最好不要出现这种姿势。这种姿势所表达的意思是：“不要靠近我，我不想和你接触。”例如，当一个小孩子伸出自己的双臂，想要让妈妈抱抱自己时，妈妈却把自己的双臂背在了身后。此时，孩子就会放下自己向前伸出的双臂，因为他感觉到自己被拒绝了。

动物对这种把双手背在身后的姿势也很敏感。一位驯兽师说：“动物们是无法接受人们把双手背在身后的动作的，因为这说明了人们的漠视。而且其潜在的意思是，我很讨厌你，我不想抚摸你。”

如果你养宠物的话，尤其是哺乳动物，如狗，你可以做一个实验。你站在它的面前，向前伸出自己的双臂。这是一个友好的动作，说明你想要抚摸它。这时你的宠物就会向你走来，但是你并不抚摸它，而是收回了自己的手臂和手，并背在身后。这种姿势说明，你并不想抚摸它。这时，你可以注意观察它的反应，你会发现它的失落和失望。

养过宠物的人都知道，宠物非常享受被主人抚摸的感觉。当主人抚摸宠物时，宠物一般都会乖乖趴着，表现得十分温驯。科学研究证明，接触不仅对动物很重要，也是人类必不可少的。人类身体的健康、情绪的好坏、心理的成长等都与身体接触的次数和接触时的状态密不可分。

例如，当人们在抚摸狗时，狗除了会感觉到很享受以外，这个抚摸的人也会得到一种满足，会使此人的心率降低，从而渐渐平静下来。

但是，这种肢体上的接触扩展到人的身上却附带了不同的意义。因为人们只会靠近和接触自己喜欢的人，如果是自己不喜欢的人，不仅不会接触，还会用手臂和对方保持一定的距离。

正在思考时的手臂动作

当一个人正在思考问题或是犹豫不决时，就会出现一只手臂的小臂向上折叠，同时手会触摸自己的下巴处，另一只手则放在向上折叠的手臂的肘部。这种手臂动作被称为“折叠臂”。

这种手臂动作是一种消极的表现，代表着拒绝的意思，但是拒绝的意味并没有紧抱双臂那么明显，更多的是一种思考和犹豫的象征，似乎在思考是否接受对方的提议或是观点。

当你和他人进行交流的时候，如果对方的手臂摆出了这个姿势，说明对方正在思考，你有希望让对方接受你的提议或是观点。

例如，如果你是一名销售人员，你在向客户介绍产品的时候，发现客户做出了这个动作，说明他已经对你所介绍的产品动心了，你需要再接再厉，或许就能成功地把产品推销出去。

除这种姿势外，还有一种手臂姿势也表明这个人正处于思考之中。这种手臂姿势是，一只手臂自然下垂，另一只手握住那只下垂手臂的关节处，这种手臂动作被称为“单抱臂”。这个姿势是从折叠手臂姿势演变而来的。

如果对方出现了这种手臂姿势，说明对方正在思考你的建议或是观点，也就是对方暂时还没有接受，也代表着潜在拒绝的意思。但是，这种拒绝接受的程度要低得多，比折叠手臂姿势的拒绝程度还要低。

如果你是一名销售人员，当你向客户介绍一种产品的时候，客户出现了折叠的手臂姿势。随着你的介绍，渐渐地，客户的折叠臂演变成了单抱臂，说明你的努力已经产生了不错的效果，因为客户拒绝的心理已经开始动摇。只要你继续努力下去，很快就可以把产品成功推销出去了。

单抱臂的姿势除表示拒绝和思考的意思外，当一个人感到紧张和尴尬的时候，也会出现这样的手臂姿势，特别是女性。例如，当一个女性在面对一个陌生男性时，她通常都会出现单抱臂的姿势，既起到自我保护的作用，也有自我安慰的作用。

为什么抱着枕头——替代双臂的自我保护

在遇到危险或是自己不喜欢的事物时，人们首先想到的就是逃离，这时腿、脚往往会起到重要的作用，会做出一些准备逃离的动作。

但是，如果因为一些客观的原因不能逃走，那么人的手臂就会在这个时候起到重要的作用。这时双臂会做出自我保护的姿势。上文提到过的紧抱双臂就是无意识中为自己建立起的一道保护墙。

但是除此之外，人们还会采用其他方式达到一种自我安慰的保护作用，那就是用双臂抱住某一物体。千万不可小觑这个被我们双臂所抱住的物体，它能给我们的心理带来极大的安慰，尽管在现实中根本起不到任何保护作用，但是能让我们产生一种安心的感觉，并从中获得一种宝贵的安全感。

美国联邦调查局中的一位FBI探员新接到了一个审讯的任务，但是在审讯的过程中，这名FBI探员发现了一个奇怪的现象。

被审讯的对象是一名年轻的男子和他的父亲。这两个人走进审讯室后，就坐在沙发上，那名年轻的男子随手把沙发靠枕抱在自己的胸前。

就是这样一个不经意的动作，导致了整个审讯的失败。在这次审讯中，FBI探员没有从年轻男子口中得到任何有价值的线索和信息。

不过也不是毫无收获，因为细心的FBI探员发现，只要他们之间谈论起比较中性的话题，也就是与案件没有关系的话题，如运动等，这名年轻男子在回答问题的时候就会把抱枕放在一边，似乎这个抱枕对他来说是一个障碍。

但是，只要FBI探员的问题涉及案件的情况，年轻男子就会紧紧地抱住靠枕，在回答问题时显得很镇定，而且回答得滴水不漏，FBI探员根本找不到破绽所在。

既然审讯不出线索来，FBI探员就匆匆结束了这次审讯。神奇的是，在第二次审讯中，FBI 探员从这名男子的回答中获得了许多有价值的信息和线索，这只是因为 FBI 探员提前撤走了沙发上的靠枕。

当这名男子再次走进审讯室时，他的目光明显是在寻找着什么，估计是在寻找靠枕，那个给他保护和安慰的靠枕。但是，明察秋毫的 FBI 探员早就把这个神奇的靠枕撤走了。这样一来，这名男子就陷入了孤立无援的境况之中。于是，在接下来的审讯中，男子不仅表现得很紧张，而且还一直喊冷。即使 FBI 探员把空调的温度上调，这名男子依然感到寒冷。

为什么这名男子会感到寒冷呢？其实与抱枕的消失有着密切的联系。他的这种寒冷是一种心理上的寒冷所引起的错觉，而这种寒冷代表着一种心理上的不适应，如果他抱着一个靠枕的话，那么他这种心理上的不适就会减轻很多，也就不会感到寒冷了。

审讯中的犯罪嫌疑人或是犯错的孩子以及工作中出现失误的人，经常会感觉到寒冷。为什么会出现这种奇怪的生理反应呢？虽然这是由人的心理变化引起的，但是也有一定的生理基础。当人们的心理感到不适应时，就想逃离引起这种不适应的境况，于是人的大脑就会向肢体下达逃跑或是防御的命令。

这样一来，人体中的血液就会被输送到四肢的肌肉之中，此时，血液就会暂时离开这个人的皮肤。而血液是人类身体取暖的主要能量来源，一旦血液从皮肤被送到四肢的肌肉之中，我们就会有一种寒冷的感觉。

有些情绪比较强烈的人，身体上的变化会引起其面部的明显变化。例如，被恐惧情绪所笼罩的人，如果他无法逃离引起恐惧的情景时，他的身体就会做出防御的准备，于是就会经历上述过程。他除了会感到身体十分寒冷之外，他的面部由于没有血液流通，会出现苍白的颜色，也就是我们通常所说的“大惊失色”。

为什么一个小小的靠枕会产生这么神奇的效果？那是因为靠枕在这名男子的心中是最后一根救命稻草，他可以从这根救命稻草中得到安慰。他认为这个靠枕是最后一道保护自己免受伤害和威胁的壁垒。

除了抱枕之外，人们还喜欢把书抱在胸前。许多人都认为这只是一个习惯性动作，根本代表不了什么。实际上，我们可以从这一肢体动作的变化中看出，这种把某一样东西抱在胸前的动作，其实就是一种自我保护和安慰的肢体动作。

在校园中，有不少女生在走路的时候都会把手中的书籍抱在胸前。但是，这种动作经常出现在刚开学的时候，尤其是刚入学的新生特别喜欢把书籍抱在胸前。

但是，随着时间的推移，她们的肢体动作会发生微妙的改变，如将书籍放在身体的一侧。这是因为，她们已经渐渐熟悉了学校的环境，于是之前那种威胁感和陌生感也被舒适感取代，她们不再需要把某一物体抱在胸前以获得自我安慰和得到保护的感觉了。

需要注意的是，这种把某一物体抱在胸前的肢体动作尽管会随着熟悉感的产生而渐渐减退，甚至消失，但是依然会卷土重来。在考试即将来临的前几天，许多女生又会恢复把书籍抱在胸前的动作，就连有的男生也会做出这样的动作。

其实，这是一种考试焦虑的表现，因为这些学生感到了考试所带来的威胁，所以就采用把书籍抱在胸前的动作来达到一种自我安慰的效果，从而降低面对考试的焦虑感。

女性出门之前通常都会带一个背包，这个背包除了具有装东西的作用之外，还可以在危急时刻起到自我安慰和保护的作用。例如，有的女性在遇到危险时，会把自己的背包抱在胸前。虽然这个动作并不会起到实质性的保护作用，但是最起码可以让当事人镇定下来。一个人只有不慌张，才能理智地面对一切突发情况，处理事情也就变得容易多了。

通常，这种比较明显的用手臂做出保护自我的动作会出现在女性身上；而男性很少采用这种明显的自我保护的手臂动作，他们手臂的自我保护动作一般都很细微，不会轻易被发觉。

英国的查尔斯王子经常在公共场合用手臂做出一些细微的动作，如向前伸出手臂，用手去拿一些无关紧要的物体，或是整理衣袖和把玩袖口等。这些细微的动作实际上都是一种自我安慰和保护，对于缓解焦虑有非常好的效果。

有不少男性喜欢用手固定自己的领结，这也是一种自我保护的动作，因为这种动作可以使男性用手臂护住自己的胸部和颈部，从而在心理上获得一丝安全感。所以，当有的男性做出这个动作时，你就应该知道他在那个时刻必定感到了一些不安或是焦虑。

如果一个人的外套是敞开的，那么有时就会做出拉紧外套，并紧紧抱着双臂的动作。人们通常会在寒冷的情况下做出这种动作，为自己增加一些温暖。但是，也有人即使不冷，依然会做出这种动作。那么，就说明他遇到了让自己不安和焦虑的情况。

在交流的过程中，有些人会在不经意间突然抬起手，把自己领口的扣子扣上，这说明交流中一定发生了让他感到不舒适的情况。例如，有些商人在谈生意的时候，会穿着一些比较随意的服装，但是在交流的时候突然扣上了外套上的扣子。但是，在交谈结束后，他又会把扣子解开。这就说明他在交谈中的不适已经随着交谈的结束而结束了。

自信心有多强——看你的手臂伸多远

一个人是否自信，我们可以通过观察他的手臂是否延伸来确定。因为一个自信的人不论遇到什么情况总是会延伸自己的手臂。延伸手臂是占领领地的方式之一，只有一个人十分自信时，才会占领领地。如果自卑时，只会收紧自己的手臂。

一位旅客在进入机场时被告知，根据最新规定，他需要为超重的行李支付额外的费用。在被工作人员告知情况后，这个游客伸开了自己的手臂，并把自己的双手放在柜台上，而之前他的手臂是自然下垂的。

根据旅客出现的这个动作，我们基本可以判断，他很快就会与机场的工作人员发生争执。果然在没说几句话后，旅客的手臂延伸得越来越远，他的手臂已经伸直了，双臂之间的距离也越来越远。很快，他就和机场的工作人员争执起来。这位旅客认为，自己行李的重量完全符合规定，根本不应该再另付费用。看来这位旅客对机场有关行李重量的规定很自信，或许是经常坐飞机。

但是，机场工作人员告诉他，这是最新的规定。机场工作人员边解释，边往后退了一步，然后紧抱双臂。这个手臂动作代表着拒绝的意思。

接下来，机场工作人员告诉旅客，如果他不配合，那么他将不能登上飞机。

在人与人之间的交流中，人们对自己所陈述的观点十分自信或是向其他人强调某个重点时，会不断地挥舞自己的手臂。实际上，这种挥舞的手臂也是一种延伸式的手臂动作。除了说明这个人很自信以外，还说明这个人认为自己占据了主导的地位。就像上文那位旅客延伸的手臂动作，他之所以会认为自己占据主导地位，那是因为他是顾客，而机场的工作人员是服务者，顾客就是这些服务者的上帝，自然占据着主导地位。

在一些商务会议中，一些地位比较高的管理者在陈述自己的企划方案时，也会用延伸的手臂来强调，而这种强调实际上就是一种对自己企划方案的自信。

延伸式的手臂动作代表着自信，那么缩回的手臂动作就说明人们不自在的状态。我们可以通过观察对方延伸或缩回的手臂动作的变化来判断对方内心的变化。

美国佛罗里达大学莱克兰地区曾经举行过一次反恐演习。在反恐演习开始前，反恐演习的策划者需要描述一些演习指令。这个策划者在描述的时候显得十分自信，他不仅自信地谈论这次反恐演习的所有细节策划，而且还挥舞着手臂。但就在策划者得意的时候，一个人突然问了一个问题："联系莱克兰的急救人员了吗？"

这个提问的人话音还没落，策划者那挥舞着延伸了很远的手臂马上收回来了，放在膝盖上，显得十分拘谨。从策划者手臂动作的转换中，我们可以得知，策划者的自信心受到了打击。

之前策划者认为自己所策划的反恐演习方案十分周密，所以他十分自信，于是在谈论起策划方案时，不自觉地挥舞着、延伸着手臂。但是，提问者所提的救援问题恰恰是他忽略的一个环节，这时他才意识到自己的策划方案并不完美，而且还存在着很大的缺陷。这样一来，他的自信心也就随之下降了，表现在动作上就是收缩自己的手臂。

当一个人发表言论时，他的面前正好有一张桌子，如果他为了显示自己的自信和权威，就会伸开双臂，五指分别张开，并且指尖按在桌面上，身体还会略微向前倾。

有的人在与他人交流的过程中，会把自己的手臂不自觉地放在对方的肩膀上。如果两个人是坐着交谈的话，那么有人就有可能把手臂延伸到其他的椅子上。这些动作都属于手臂延伸动作的一种，说明这个人很自信，而且他认为自己处于一种舒适的状态。

特别是在恋爱阶段，男性通常会把手臂搭在女伴的肩膀上。这种动作经常会出现在有其他威胁性的男性在场的时候，如情敌。其实，这代表了一种占领的意味，是在告诉对方："这是我的人，不允许你侵犯。"

有些情侣坐在一起的时候，彼此之间会很亲近，而且会把自己的手臂延伸到对方那里，这说明他们这个时候非常愉悦和舒适。如果他们突然出现了缩回手臂的动作，说明他们之间出现了某种问题，可能是发生了不愉快的争吵。

这种延伸式的手臂动作除了捍卫领地和表达自信以外，还可以表达出一个人内心的舒适感。因为我们只有在和关系比较亲近的人在一起时，才会做出延伸式的手臂动作，并用自己的手臂去接触对方的手臂。这样会让我们有一种舒适感、愉悦感。

但是，当我们遇到陌生人或是自己不喜欢的人时，就不会采用延伸式的手臂动作去接触对方的手臂，即使碰到了，也会立刻移开，并且还会感到非常尴尬。

捍卫自己的领地——双手叉腰或者抱头

双手叉腰

双手叉腰的动作通常有两种：一种是前双叉手，另一种是后双叉手。

前双叉手是把双手放在腰上，大拇指朝后，其他四指朝前。前双叉手代表着进取意识和进取精神，同时也是一种捍卫领地的动作，通常会出现在那些权威人士身上。权威人士通过这个动作不仅可以维护自己的权威，也可以捍卫自己的领地，让其他人望而生畏。

后双叉手是把双手放在腰上，大拇指朝前，其他四指朝后。后双叉手代表着无助感和无力感，说明这个人的内心压力很大，需要得到外界和他人的帮助和支持。除此之外，后双叉手还代表着好奇的意思。当一个人对某种事物感到好奇时，也会做出后双叉手的动作。

前双叉手通常是一种维护统治权和自身权威的动作，经常被权威人士选用。尤其是警察和军人在与人交流的时候经常会出现这种姿势，如军人训练士兵时，警察审讯犯罪嫌疑人时。

但是，前双叉手的姿势在普通大众中不会引起共鸣，反而会让人们之间的距离增大。因此，一些退役军人在改行做其他行业时，最好改掉这种经常前双叉手的习惯，因为这种姿势不利于建立亲密的人际关系。

一些警察在执行某项任务时，会伪装成便衣。但是，有些警察还是很容易暴露自己的身份，正是因为他们会在不经意间做出前双叉手的动作。

在一些特殊的情况下，普通人也会做出前双叉手的动作。这种特殊的情况主要有三种。

一是两个人正在吵架的时候，常常会出现前双叉手的动作，似乎在捍卫各自的领地。

二是在参加比赛或是竞争前也会出现前双叉手的动作，所代表的意义就是努力进取拼搏，取得优异的成绩。

三是当一个人处在愤怒之中时，也会出现前双叉手的动作。这说明这个人很愤怒，而且他的愤怒还夹带着一种不满和抗争。引起他愤怒的原因很可能是受到了批评，而他认为自己根本不应该受到这种批评。

双手抱头

双手抱头的姿势和双手叉腰一样，都代表着捍卫领地和权威的意义。这种双手抱头的姿势与投降时的抱头姿势不同，是一种身体向后倾，双手交叉于脑后的动作，通常会出现在人们坐着的时候。有的人做出这种双手抱头的姿势时，还会跷起二郎腿。

双手抱头姿势的手臂是展开的，不像投降时双手抱头姿势的手臂是回拢收缩的。这种展开的手臂代表着一种自我空间的扩张，是一种对领地的捍卫。这种捍卫领地的姿势和眼镜蛇十分相似。当眼镜蛇十分愤怒地捍卫领地时就会扩大它的“兜帽”，将颈部皮褶扩张，颈腹部扩张为圆扇形。如果眼镜蛇扩大了它的“兜帽”，就说明它已经愤怒并且准备开始攻击了。眼镜蛇的这一变化似乎是在向其他动物发出警告，不要再靠近它的领地，否则它就会使用自己的杀手锏——毒液。

当我们做出这种扩展式的双手抱头姿势时，我们头部的尺寸看起来会比平常更大些，就好像眼镜蛇扩大的颈腹部一样。所以，它也代表着扩大领地和捍卫权威的意义。但不同的是，人们出现这种扩张式的抱头动作时的心态是比较放松的，其内心还有一种舒适感，不会被愤怒的情绪所干扰。

不过，这种扩张式的抱头动作不宜出现在比自己身份地位高的人面前。例如，当公司召开会议时，所有部门主管都提前到达。于是，他们各自坐在位置上等待着会议的开始。在等待的过程中，有些主管会做出这种扩张式的抱头动作。但是当董事长进来后，他们会马上收起自己双手抱头的动作。

拉近心理距离——手臂触碰的神奇效果

虽然手臂上的触碰大多出现在关系亲近的人之间，但是如果我们的手臂和陌生人的手臂发生触碰，往往会产生意想不到的效果，尤其是当我们向陌生人提出需要帮助的请求时。

美国明尼苏达州立大学的研究人员曾经做过一项有关手臂触碰的

实验，这项实验的结果充分说明了手臂触碰的神奇效果。由于这次实验的地点是电话亭，所以研究人员把这次实验的名字命名为“电话亭测试”。

这次实验分为两种情况进行：一种是只用言语请求帮助，但不发生手臂触碰；另一种是既用言语求助，同时又装作不经意间与对方的手臂发生触碰。

在第一种情况下，实验人员把一枚一美元的硬币放在电话亭里非常显眼的地方，然后离开，躲在一个不起眼的地方。当有人走进电话亭后，实验人员就会跟过去，并且询问电话亭里的人：“先生（或女士），您好。请问，您有没有看到我落在电话亭里的硬币呢？我的身上只有这一枚硬币，而且我突然遇到了一点儿急事，需要再拨打一个电话。”

在测试了一定的人数之后，实验人员结束了这次实验，并统计实验结果。实验结果表明，大约只有23%的人愿意帮助实验者，承认自己看见了那枚一美元硬币，并且将这枚硬币归还给实验人员。

在第二种情况下，实验人员仍然将一枚一美元的硬币放在电话亭中同样的位置上，然后离开并躲了起来。当看到有人走进电话亭后，实验人员会跟过去，对电话亭中的人说同样的话。不同的是，实验人员在说话时会寻找机会，轻轻地触碰对方的手臂，时间很短暂，不到三秒钟。

实验结束后，实验人员统计的结果是，大约有60%的人愿意帮助实验者，给实验者一枚一美元的硬币。甚至有些人还会非常抱歉地说：“我刚才捡到了一枚一美元的硬币，向四周看了看，发现没有人，于是我就用它打了电话，实在对不起。如果你真的有急事需要打电话，我这里还有一些硬币可以给你。”

这项实验的结果充分说明，人与人之间手臂的轻轻触碰会产生意想不到的神奇效果。当我们向一个陌生人请求帮助或是提出一些小小的要求时，轻轻地触碰对方的手臂，往往会使两个人之间的心理距离拉近，从而提高对方满足你要求的概率。

人整个手臂的范围始终是具有亲密性的，如果对方允许你进入这个亲密的范围内，并且轻轻触碰手臂，说明对方并不讨厌你。因为人是不可能让自己讨厌的人进入亲密范围之内的，更别说触碰手臂了。

这项实验是在美国进行的，那么实验结果是否也适用于不同文化传统的其他国家和地区呢？英国著名人际关系大师亚伦·皮斯和芭芭拉·皮斯曾经在一期电视节目中针对不同国家的人做了同样的实验。

这次实验的结果证明了之前实验结论的可推广性，但是硬币归还率依然有细微的变化，它会随着不同文化和国家而发生变化。例如，澳大利亚人、英国人、德国人、法国人、意大利人在手臂被轻轻触碰的情况下，硬币归还率分别为72%、70%、85%、50%、22%。

这项特殊的实验结果说明了一个新的结论，在实验对象所生活的国家和地区，如果他们在日常生活中经常和周围人发生手臂上的触碰，那么手臂接触所产生的效果会差一些，而硬币归还率也会降低。这是因为在那些不轻易和陌生人发生肢体触碰的国家中，只有熟悉且关系亲近的人之间才会产生肢体上的触碰。但是当一个有礼貌，且外在形象较好的陌生人触碰自己的手臂时，也会留下“自己人”的第一印象，从而拉近双方之间的心理距离。第一印象往往是非常深刻的，所以在“自己人”的第一印象的帮助之下，答应陌生人一个并不过分的小要求就变得容易多了。

手臂触碰的神奇效果会受到周围环境的影响，法国心理学家尼古拉斯·桂桂恩的实验就证明了这一点。

这次实验要求三名相貌英俊的男子分别在大街上和夜总会这两个不同的环境中向陌生女士索要电话号码，然后统计成功率。实验分两种情况进行：一种是不触碰陌生女子的手臂，另一种是轻轻触碰陌生女子的手臂。

这三名男子向陌生女子索要电话号码的具体流程如下：在接近陌生女子时，首先轻轻触碰她的手臂，然后再恭维她长得很漂亮，接下来要求陌生女子抽时间和自己喝杯咖啡，最后索要电话号码。

实验的结果是，在大街上，在没有触碰陌生女子手臂的情况下，要到电话号码的成功率是10%，轻轻触碰手臂要到电话号码的成功率是20%。在夜总会，在没有触碰陌生女子手臂的情况下，要到电话号码的成功率是43%，轻轻触碰手臂要到电话号码的成功率是65%。

从这项实验结果中我们可以得知，轻轻触碰手臂所产生的神奇效果会受到周围环境的影响。

既然实验证明轻轻触碰手臂可以拉近人与人之间的心理距离，那么这个实验结论是否也适用于中国人呢？以下的这个实验证明了此结论同样也适用于中国人。

实验人员找来了四个大学生，这四个大学生分别为两男两女，而且外在形象也比较好。然后让这四个大学生分别到大街上随机拦截路人，请这些人填写一份有关手机使用情况的调查表。这个调查表十分简单，只有十个选择题。在第一种情况下，这四个大学生只需要言语说明就可以了；在第二种情况下，需要轻轻触碰对方的手臂，然后再说明要求。

实验的结果是，在言语请求中，共有 192 名路人被拦截，只有 48 人愿意配合填写调查表，其成功率为 25%；在轻触手臂请求中，共有 182 名路人被拦截，其中有 82 人愿意配合填写表格，其成功率为 45%。这项实验结果表明，轻轻触碰手臂赢得好感的实验结论也适用于中国人。

实验研究表明，女性触碰男性手臂比同性之间手臂触碰或者男性触碰女性更容易产生神奇的效果。但是在触碰一个陌生人或是不熟悉的人的时候，一定要切记是手臂，无论是手臂的胳膊肘，还是小臂和上臂都可以。但是不能直接去触碰对方的肩膀、手腕、手部以及其他的身体部位，因为这样不仅不会赢得好感，还会让对方心生厌恶。

触碰手臂的时间也很重要，最佳时间是三秒钟左右。切忌不要把触碰手臂的时间提高到超过五秒钟，因为时间过长会引起对方的警惕性，对方会认为你对他另有企图，尤其是男性在触碰女性的手臂时，时间过长会让女性认为你在对她图谋不轨。这样一来，不仅起不到拉近心理距离的作用，还会产生不良的负面影响。

在亲密的人际关系中，手臂之间的触碰应该是经常发生的。因为我们在熟悉的人面前总是无拘无束和舒适的，我们之间的心理距离也很贴近，所以这种手臂之间的触碰动作总会不经意地出现。即使如此，在与熟悉的人进行交往的时候，也可以有意识地经常触碰对方的手臂，以促使你们之间的关系变得更友好和亲近。

从身体温暖到心理温暖——我们为什么需要拥抱

拥抱的历史

据考古学家证实，在人类进化过程中曾经遭遇过一次毁灭性的寒冷，也就是地球的第四纪冰川时代。在那时，地球上许多地区都被厚厚的冰层所覆盖。那时的地球晶莹剔透，或许在太空中看来这是一个美丽的球体，好像水晶球一样。但是，这份美丽需要地球上的许多生物付出惨重的代价，甚至面临着种族灭绝的危险。

人类也同样面临着严峻的考验，这是一次全球性的大灾难，所有物种都面临着生与死的考验。这个时候，人类刚从类人猿中脱颖而出。完成物种进化与升级的人类需要一个温暖适宜的环境来更好地发展自己。可是，地球没有给人类这个机会，它似乎想用寒冷来击垮这个新的物种。

人类之所以是人类，就是因为有自由意志。所以，人类决定向地球发起挑战，一定要生存下去，使自己的种族延续下去。于是，人类用那刚进化而来的发达大脑想出了很多御寒的办法。

在许许多多的御寒办法中，有一个就是相互拥抱。这个办法似乎是人类向动物学习而来的，因为人类经常看到动物们紧紧地拥抱在一起取暖。于是人类依靠相互拥抱所带来的温暖度过了漫长而酷寒的冰川时代，这应该是人类向自然灾害发出挑战的第一步，并且最终以胜利而告终。

拥抱的动作流传下来，随着人类文明的进步，拥抱的动作不仅仅是为了取暖，更是发展成了一种社交礼仪，特别是在西方欧美国家尤为流行。

不要小看了拥抱的动作，这个动作不仅能给人们带来身体上的温暖，更重要的是心理上的温暖。人的心理具有意想不到的强大力量，往往能深刻地影响到人的生理功能。

有一个精神病患者，他相信自己拥有其他人无法拥有的神奇能力，如在寒冷的冬天赤身裸体。为了证明自己的神奇能力，他真的在一个寒冷的冬天赤身裸体地在室外过夜。所有人都认为这个疯子一定会被冻死。但是，在第二天早上，大家又看到了这个活蹦乱跳的疯子。

所有人的眼睛都瞪得比牛眼还大，嘴巴张大得似乎能塞下一打鸡蛋。大家都不相信眼前这个活蹦乱跳的疯子竟然能够活下来。后来经过证实，这个疯子的确没有死。为什么这个疯子没有被冻死？就是因为心理的力量，他相信自己不会被冻死。强大的信念支配，战胜了室外的严寒。

尽管这个人是一个精神病患者，但是我们可以从他的经历中得知：人的心理力量是多么强大。同样地，拥抱的肢体动作所产生的心理力量也是不容小觑的。

给我一个温暖的拥抱

行为主义心理学通过研究证明，拥抱的肢体动作非常有利于人们的心理健康。一些经常与人拥抱的人，他心理的健康程度比那些缺乏拥抱的人要健康得多，而且，人也十分乐观和开朗，能够自如地处理人际关系。

研究证明，人际交往过程中最好的身体接触方式就是拥抱。但是，每次拥抱的时间不得超过三秒钟，如果时间过长，双方都会感觉到尴尬。而且，拥抱的松紧程度也要把握好尺度，不可过紧，因为这样会让双方都不自在；但是也不可过松，因为这样会让对方感受不到你的真诚。

用拥抱的姿势接待对方就已经说明了你们之间的关系，因为张开双臂准备拥抱对方的姿势，是在向对方表达你对他足够的信任和亲密。这是因为拥抱是一种突破了亲密距离和心理防线的动作。

你在拥抱对方之前，会张开双臂，就好像小鸟飞行的翅膀一样，这时，你身体前面的整个空间都毫无保留地暴露给了对方。你在用这个姿势向对方表明你的信任和放松。而对方一定能感受到你的这份信任，于是无意中就会认为你们之间的关系很亲近。

拥抱的肢体动作除了能简单而又明确地展现人与人之间真诚的感情之外，还能帮助人们培养健康的心理，如帮助人们消除沮丧和疲劳等。

20世纪70年代，在英国的一个小镇上有一家孤儿院。虽然政府投入了大量的资金和人力，希望孤儿院中的孩子能健康地成长。但是，在一段时间内，孩子们似乎得了一种怪病，他们一个个神情沮丧，双眼无神，因为食欲不振而面黄肌瘦。他们不仅对学习毫无兴趣，就连玩耍时也都无精打采。这些孩子不仅不与老师们交流，他们也很少互相交流，好像患有自闭症，有的孩子还会发出悠长的叹息声。

这家孤儿院中的孩子大部分只有七八岁，本该是活泼好动的年纪，但是孩子们表现得犹如迟暮的老人一样。如果一个盲人来到这里，看不到孩子们稚嫩的脸庞，一定会以为自己来到了养老院中。这家孤儿院的气氛与养老院的气氛实在太相似了，没有欢快的感觉，到处都是死气沉沉的，让人们感到无比压抑。

所幸的是，英国著名的教育家斯宾塞先生来到了这里。斯宾塞先生发现这家孤儿院的特殊氛围之后，什么也没有说就默默离开了。斯宾塞先生并不是因为对这些孩子失望了才离开的，而是因为他想到了一个解决的办法，他正是去搬救兵的。

没过多久，斯宾塞先生就带着他的救兵在这家孤儿院重新出现了。斯宾塞先生的救兵是一些十几岁的小女孩。这些小女孩都十分开朗和爱笑，她们来到这家孤儿院之后，似乎把笑声也带来了。

这些小女孩开始和孤儿院中的孩子们玩耍，不仅用笑声去感染他们，还经常去拥抱这些孤儿，有时还会亲吻和抚摸他们。按照斯宾塞先生的要求，这些小女孩每天都会在这家孤儿院中待上半个小时。

不久之后，奇迹发生了，孩子们的怪病消失了。整个孤儿院恢复了它本来应该有的生机勃勃的氛围。孤儿院中的孩子也因此变得活泼起来，他们的眼睛重新焕发光彩，脸上洋溢着灿烂的笑容，胃口变好了，身体也因此而强壮起来。最重要的是，他们开始积极地与周围的人交流，而且对学习也产生了浓厚的兴趣。

孤儿院的奇迹就是拥抱的肢体动作所创造的。其实，拥抱的肢体动作除了有利于人际交往之外，更重要的是拥抱是人的一种本能的需要。

拥抱不是万能的

根据心理学家的研究，一个孩子从出生起就需要拥抱，如果每天拥抱的次数少于 4 次，那么这个孩子成活的概率就会大大降低，很可能会夭折。每天除了4次的基本拥抱之外，还需要增加拥抱的次数。研究证明，每天8次拥抱才能使孩子维持正常的活动；每天16次拥抱才能使孩子身心健康地长大。

一个人，尤其是婴幼儿为什么会对拥抱这么依赖，似乎没有拥抱就无法存活一样？这是因为拥抱代表着一个人的安全感，如果一个人没有安全感，每天都会生活在恐惧和不安之中。

婴儿在出生之前一直待在母亲的子宫中，子宫对于一个胎儿来说是一个十分温暖和安全的环境。但是，这种温暖和安全随着出生而被打破了。与此同时，婴儿能从母亲或是其他人的拥抱中重新得到那种温暖和安全的感觉，渐渐地，拥抱就成了生活中必不可少的一部分。

所以，在人际交往之中，要适当地张开你的双臂去拥抱他人，因为拥抱所传达的关怀往往比任何语言更有用，拥抱也是我们手臂的重要功能之一。

但是，拥抱并不是万金油，并不是总有积极的效果产生。拥抱的姿势不仅要根据具体的文化习俗而定，也要因人而异。因为有些人并不喜欢被人拥抱，他们会感觉你拥抱的举动侵犯了他们的私人空间，所以我们在使用拥抱姿势以表示自己的友好时，一定要谨慎，不要去拥抱那些不喜欢被别人拥抱的人。

在自然界中，所有的动物都有捍卫自己领地的要求，人类也是如此，这是因为我们需要私人空间。如果一个人贸然闯进了我们的私人空间，我们就会变得很愤怒，而且会认为自己被侵犯了。因此，我们每个人都不会给那些侵犯了我们私人领地的人好脸色。

对于那些不喜欢被人拥抱的人而言，如果被人强行拥抱了，就会感觉到自己的私人领地被侵犯了。这个时候，拥抱对良好人际关系的建立就会起到负面的破坏作用。

那么，到底怎么判断是否应该采取拥抱的姿势呢？一个人想要拥抱另一个人，就必须缩短两人之间的距离，也就是说，这个人必须上前一步，而这正是进入对方的私人领地。

当你已经进入了对方的私人领地，就需要注意观察对方的面部表情和手臂动作。如果对方的面部表情呈现出厌恶或是其他的消极表情，那么就说明对方不喜欢被人拥抱。

此外，人的手臂最重要的功能之一就是保护本人不受伤害，当你已经进入了对方的私人领地，如果对方不喜欢你，那么对方就会有一种被威胁的感觉，而他的手臂就会保护他免受这种威胁。于是，他的手臂就会做出拒绝的动作。这时，你就需要退出对方的私人领地，并且记住：一定不要去拥抱对方。

第九章

身体最诚实的部位
——我们的腿和脚

在观察他人的时候，我们总习惯性地把关注点定格在对方的上半身，尤其是面部表情。但其实人们的腿和脚才是最诚实的身体部位，它们离人的大脑最远，很难受到意识的控制。因此，本章将通过介绍腿和脚的姿势，帮助你读懂他人的想法。

拿到一手好牌——快乐得露出马脚

在观察一个人的肢体语言时，人们总是会习惯性地把目光定格在对方的上半身，尤其是他的面部表情。虽然面部表情是一个人最重要的肢体语言，但是面部表情的真实性很低，因为有不少人能够用理智控制自己的面部表情，从而做出一些对自己有利的面部表情，以迷惑对方并达到自己的目的。

既然面部表情能够掩饰一个人真实的情绪和内心活动，那么，到底身体哪个部分的肢体语言最诚实呢？答案是腿和脚。

在现实生活中，人们总是容易忽视腿和脚，即使在观察一个人的肢体语言时也是如此。这是因为腿和脚是一个人身体的最下部，最接近地面，而人的眼睛又长在面部，所以人们总是会不自觉地忽视腿和脚。

在扑克锦标赛中，那些高手玩家们早已练就了一副处变不惊的扑克脸，让对手无法从自己的面部表情上寻找到对自己不利的蛛丝马迹。虽然这些高手玩家可以理智地控制自己的面部表情，让自己的面部好像瘫痪了一样，但是，他们很难控制自己的腿部和脚部的动作。

例如，一个人在扑克锦标赛中运气非常好，得到了一手好牌，那么他一定会非常高兴，但是他兴奋的情绪丝毫不会体现在脸上，他依然可以保持淡定的面部表情，因为他已经控制住了自己的面部神经。他的腿和脚一定在欢乐地摆动和颤抖，以表示自己很开心。但是，他快乐的腿和脚部的肢体语言并不会出卖他，因为这一切都发生在桌子下面，对手根本看不到。

人的肢体语言的诚实性有这样一个规律，即肢体语言的诚实性会随着目光的上移而逐渐递减，也就是说人的面部表情最会撒谎，而人的腿和脚最诚实。所以，当我们观察一个人的肢体语言时，最好是从下向上观察，也就是说先观察一个人的腿和脚，然后再逐步向上移动，最后才是面部表情，这样我们往往能掌握对方更真实的内心活动。

现在，我们来详细说说“快乐脚”的问题。当一个人的愿望得到满足时，就会出现快乐脚。快乐脚具体是指，双腿和双脚一起摆动和颤抖，通常你的快乐情绪越强烈，你的双腿和双脚摆动和颤抖的幅度就越大。

快乐脚显示出一个人快乐的情绪。例如，如果一个年轻的母亲因为工作原因需要去外地出差，但是她又十分想念自己的家人。如果这时她接到了家里打来的电话，并在电话中与自己的孩子通话，那么她一定会非常兴奋和快乐，而她的腿和脚也会感应到她快乐的心情，从而出现快乐脚。于是，这个年轻的母亲的腿和脚就会颤抖和摆动，虽然她没有用语言说明自己接到家里的电话很开心，但是她的腿和脚已经充分暴露了她快乐的内心活动。

虽然腿部和脚部的肢体动作可以诚实地反映一个人的内心活动，但是观察起来并不容易。因为人与人之间的交流往往会在桌面上进行，这样一来，不仅自己的腿脚被桌子遮挡住了，同样也无法观察到对方腿脚部位的肢体动作。

观察一个人是否出现了快乐脚，你还可以通过观察他身体的其他部位，从而推断出这个人是否出现了快乐脚。因为当一个人的腿脚摆动和颤抖的时候，会带动肩膀一起摆动和颤抖，只是幅度比腿脚要小得多，需要人们仔细观察才可以觉察到。

朱玉是一家公司的人力资源主管，她在安排下属工作的时候就十分注意对方的腿和脚的变化，从而推断出下属对自己的安排是否满意。

有一次朱玉在进行招聘的时候，问一位应聘者：“我们需要招聘的是海外任职人员。你是否愿意出国工作？”当朱玉问完之后，就开始注意观察对方的腿部和脚部动作，她发现这个应聘者出现了快乐脚，应聘者的腿和脚快乐地晃动着。朱玉肯定这个应聘者十分喜欢自己的安排。

于是，朱玉继续问道：“你是否愿意去印度工作？”这时应聘者的快乐脚突然消失了，也就是他晃动的腿脚突然停止了，这个肢体动作的变化已经说明应聘者并不想去印度工作。

朱玉没有等应聘者回答，直接继续问道：“你为什么不愿意去印度工作？”面对朱玉的提问，应聘者十分惊讶：“你怎么知道我不愿意去印度？难道是我表现得太明显了吗？”朱玉回答道：“我只是感觉你并不愿意去印度。”应聘者如实回答：“是的，我以为你会派我去新加坡，因为我在新加坡有很多朋友。但是我从来没有去过印度，我不喜欢去一个人生地不熟的国家。”

虽然不断晃动和颤抖的腿和脚通常都在说明这个人很快乐，但是并不是所有的情况都是这样的。如果一个人天生患有多动症的话，那么他不断摆动和颤抖的腿和脚就不一定反映了他快乐的情绪，或许只是一种生理习惯而已。

此外，当一个人感到厌恶和无聊的时候，也会不停地摆动和晃动腿部和脚部。例如，学生们在上一些比较枯燥乏味的课程时，就会不断地晃动腿和脚，以表示自己烦躁的心情。而且随着下课时间的临近，他的腿和脚会晃动得更加厉害，其潜在的意义就是希望能尽快结束这无聊的课程。

腿部的晃动是一种很常见的肢体动作，前面我们提到过“快乐脚”指的是，一个人的腿和脚本来是静止状态，但是由于遇到了开心的事情，所以不断地晃动自己的腿和脚以表达自己的开心。尽管晃动的腿和脚表示这个人很开心，但并不是所有的情况都表示这样的意思，或许有些人只是习惯性地晃动自己的腿和脚。

我们需要注意的是腿部和脚部的变化，如果一个人最初只是轻轻地晃动自己的腿和脚，但是后来不知道接触到了什么信息，变成了上下踢动的姿势。当一个人腿和脚部出现这种变化时，说明他接触了负面的刺激。

研究发现，如果一个人左右轻轻晃动的腿和脚变成了上下踢动的姿势，那么就说明这个人受到了不良的刺激，可能是看到或者听到了一些消极的事情让他感到不舒服。这种动作通常都是无意识进行的，许多人都觉察不到自己腿部和脚部的变化，所以很难伪装。

一名女子被FBI探员怀疑是一起重大犯罪案件的嫌疑人，但是FBI探员已经审讯了很长时间，却一点儿进展也没有，这名女子始终都没有说一句话，而且她的肢体动作也没有出现明显的变化。

不过一名FBI探员注意到，这名女子的腿部和脚部从审讯开始就一直保持着晃动的状态。虽然FBI探员认为，这个不断晃动的肢体动作是一种反常的表现，但是这名女子反驳说，这只是她的习惯性动作。她说得没错，或许她平时就习惯晃动腿和脚。

后来，FBI 探员问了一个问题："你认识克莱德吗？"这本来是一个无关痛痒的问题，但却成了整个案件的转折点。因为这名女子腿部和脚部的变化暴露了她内心的真实感受和想法。

这名女子甚至没来得及回答问题，她左右晃动的腿部和脚部已经开始变成上下踢动的姿势。这说明"克莱德"这个名字对她产生了刺激，而且对她来说具有负面的影响。

后来在 FBI 探员的审讯下，这名女子终于如实交代，这个叫作克莱德的人曾经使她深陷一起盗窃案件，所以她很讨厌这个人。

最后，这名女子因为曾经参与过一起盗窃案，不得不在监狱中待上 25 年。而导致这种结果的原因就是她腿部和脚部变化的"背叛"行为。

脚尖指向哪里——急于离开的转向脚

如果你看到有两个人在一起聊得非常开心，而你想要加入他们，你会采用询问的方式。通常情况下，你不会遭到口头上的拒绝。但是，你需要知道自己是否真的受欢迎，这时你就要细心观察对方腿部和脚部的肢体反应。如果他们的腿和脚发生了移动，开始正面转向你，说明他们很欢迎你的加入；但是，如果他们只是口头上答应，但是腿和脚没有发生一点儿变化，说明他口是心非，他们不喜欢你的加入，这时你最好知趣地离开。

通常情况下，我们都会把身体，还有腿和脚转向自己喜欢的人或事物。在面对自己不喜欢的人或事物时，人们的第一反应就是离开，但是在现实生活中，人们往往是身不由己的，即使在面对自己不喜欢的人或事物时，也会用理智强迫自己继续留下来。但是，人们的腿部和脚部是不会撒谎的，它们能真实地反映这个人的内心活动，所以人们的腿和脚会做出准备离开的转向动作，也就是我们所说的“转向脚”。

FBI 探员根据对法庭上陪审员和证人肢体动作的研究发现了转向脚的存在。例如，如果陪审员不喜欢某个证人，但是他又不能把这种不喜欢表现出来，那么从这位陪审员上半身的肢体动作中，我们看不出任何不妥之处，因为这位陪审员对正在陈述证词的证人十分有礼貌。但是，如果注意观察陪审员腿部和脚部的肢体动作就可以发现，他根本不喜欢这个证人。因为陪审员出现了转向脚，也就是将双腿和双脚转向最近的出口处，这说明陪审员的腿脚已经做出了“逃跑”的行为，一个人只有在面对自己不喜欢的人或事物时，才会想要逃跑，并出现这样的姿势。

如果你和一个人在交谈的时候，发现对方的腿和脚渐渐地从你这里移开，或是突然移动到远离你的方向，那么就说明这个人想要离开。离开的原因有很多种，或许是不想再听你说话，或许是因为他真的有其他的急事等。不论这个人的理由是什么，他的目的只有一个——离开。

一个人正在和客户商谈，两个人表现得十分开心，而且一谈就是好几个小时。但是这个人意外地发现，客户出现了转向脚，这说明客户想要离开了。于是他问道：“你是不是有什么急事想要离开？”客户马上回答道：“我很抱歉，不过我真的有一个十分重要的约会，所以必须提前离开。”他的善解人意赢得了客户的好感。

警察在审讯犯罪嫌疑人的时候，通常也会从犯罪嫌疑人的转向脚入手。当警察问到某个问题时，尽管犯罪嫌疑人什么也没说，但是出现了转向脚，脚尖转向了出口的方向，而且身体也出现了逃离的倾向。那么，就说明这个人的嫌疑十分重大，因为警察所问的问题已经使犯罪嫌疑人感到了威胁，犯罪嫌疑人才想要逃离，这时只要警察继续审问下去，一定能取得意想不到的收获。

除此之外，如果一个人把自己的手按在一条腿的膝盖上或是用手抱紧膝盖，那么也表示这个人有想要离开的意思。这种姿势常常伴随着前倾的身体，就好像这个人马上要起身离开一样。

表示逃离心理的还有一种腿部动作，被称为“胆怯腿”。当一个人感到恐惧时，就会出现这种腿部姿势。胆怯腿的具体动作是，一条腿出现收缩，另一条腿向前延伸，这个动作看起来就好像要站起来离开一样。

人们之所以会出现胆怯腿，是因为受到了负面的刺激，这种刺激让他产生了一种恐惧的感觉，所以他想要逃离这个困境。而那条收缩起来的腿就是为逃离所做的准备。

警察在抓捕藏毒犯罪分子时，经常会注意人群中那些出现胆怯腿的人。因为一个藏毒者在看到警察时，尽管表面上看起来十分镇定，好像什么事情也没发生。但是，他的内心很恐惧，就会表现出胆怯腿。当这个藏毒者出现恐惧情绪时，第一反应就是逃离，而胆怯腿就是一种准备逃离的姿势。

无忧无虑的快乐——荡起“秋千腿”

除脚尖向上跷起的脚部动作外，还有一种被称为“秋千腿”的动作，也是一种反重力的表现，同样表示了一个人快乐的情绪。

秋千腿这种腿部姿势就好像是一个人在荡秋千一样，双脚离开地面，并轻轻晃动。荡秋千的游戏是一种快乐的体验，当一个人在秋千上荡来荡去的时候会感到非常快乐，心情也很舒畅，就好像自己的烦恼随着秋千的荡起而随风飘散、消失不见了。所以，当一个人出现秋千腿的时候，可以说明这个人很快乐。

秋千腿的出现是一种遗传行为。达尔文的进化论告诉我们，人是由猴类的一支进化而来的。所以，我们可以从猴子的身上找出秋千腿的历史源头。

在小说《西游记》中，吴承恩为了描绘出猴子们寻找到水帘洞这样一处适宜的安身之所的快乐，就采用了荡秋千的场景。那些小猴子通过荡秋千来表示自己快乐和无忧无虑的情绪。

尽管这一情景只是小说中的描写，但是在动物界中也的确存在着这种现象。例如，在动物园中，我们可以观察到，小猴子在荡秋千的时候总是很快乐，而这种快乐是无法伪装的。因此可以说，秋千腿是我们人类的一种返祖行为，是荡秋千行为的另一种表现。

安泰是古希腊神话中一个力大无比的人物，他的身体只要一接触到大地，就可以从大地中获得无穷的力量，但是安泰喜欢以杀人为乐。有一天，大英雄赫拉克勒斯来到了安泰的地盘，他希望自己可以消灭残忍的安泰。但是，两人的实力差不多，最后赫拉克勒斯发现了安泰的秘密，于是把安泰骗离地面，最终成功击败了安泰。

这则古希腊神话故事告诉我们，大地对人类来说很重要，可以说是人类心理安全感的来源。我们世世代代在大地上生存，并且从大地获得生存必需的资源。如果一个人离开地面，就会丧失这种安全感。这或许也是许多人不敢乘坐飞机的原因吧。

但是，秋千腿这种违反重力的表现打破了依赖的安全感。原来，当一个人拥有足够的安全感，并可以和周围的环境融合为一体时，双脚就会主动离开地面，因为他心理上的安全感已经不需要靠大地来给予了。同时这个人还会晃动自己的双腿，这说明这个人的快乐是无拘无束的，他不需要因为外界的某种原因而压抑内心的快乐。因为他所处的环境是可以为所欲为和无忧无虑的。

相反，如果这个人所处的客观环境不允许他直接表达出自己快乐的情绪，那么这个人或许就会用理智控制住自己晃动的双腿。但是，他的脚部依然会表达出他快乐的情绪，于是他会出现脚尖跷起的肢体动作。

这种秋千腿最容易出现在恋爱时期的女性身上。当一个女性和她心仪的人在一起时，她会很快乐，表现在腿脚上就是秋千腿。这时，女性常常会拿她们的鞋子作为消遣，会用脚尖挑起鞋子，然后晃动着。

但是当这位女性突然生气时，她晃动鞋子的动作会立刻停止，然后她会收起自己的鞋子，并且还会把自己的身体向后移动，这说明她感到很不开心，想要离开。

秋千腿除了会出现在恋爱中的女性身上以外，最常见的应该就是小孩子的身上了。因为小孩子不用去掩饰自己的快乐，他们总是能无忧无虑地生活。

紧张还是放松——双腿交叉的解读

交叉腿除了表示的紧张和焦虑之外，还有另外一种含义，交叉腿同时也体现出了这个人矛盾的内心活动。

交叉腿的姿势并不利于一个人站起和逃跑，也就是说，虽然这个人遇到了对自己不利的情况，但是并没有想要逃离的意味。这样一来，就会出现一种矛盾的心理，这个人主观上愿意接受目前的情况，但是内心依然有阻抗和防备，也就是说在接受和反对上犹豫不决。所以，交叉腿体现了一个人矛盾且半开放的心理状态。

这种矛盾和半开放的状态常常会出现在消费者的身上。例如，如果你是一个销售顾问，你主要的工作就是把产品销售出去。所以，你需要向你的顾客介绍产品的优点和功能，这样才能让顾客产生消费。

当销售顾问介绍完产品后，需要留意观察顾客的反应，当然有许多顾客并不会直接拒绝你，所以销售顾问会观察顾客的肢体反应，了解其真实的内心活动。如果无法从顾客的面部表情上得到信息，销售顾问便可以把观察的重点放在顾客的腿部和脚部。

如果消费者正在犹豫着到底要不要买这个商品的话，那么他就会出现交叉腿的肢体动作，以此来反映他矛盾和犹豫不决的内心活动。

但是，需要注意的是，一个人在出现交叉腿的时候，他的手臂也会出现相应的动作，如双臂叠交起来。如果一个人双手叠交和交叉腿同时出现的话，那就说明这个人的内心是完全封闭的，他没有矛盾和犹豫，而是采取一种坚定的拒绝立场。

如果你是一个销售顾问，在你介绍完产品后，发现顾客是交叉腿和双臂叠交同时出现，那么建议你放弃这个顾客。因为顾客已经表明自己对你所介绍的产品完全没有兴趣，只是随便听你说说而已。即使你说得天花乱坠，他也不可能为你的产品买单，他根本不会成为你的消费者。

如果顾客在听你介绍产品之前是交叉腿和双臂叠交共同出现的肢体动作，但是在你介绍完产品的优点后，他双臂叠交的姿势消失了，但是腿部依然是呈现交叉腿姿势，那么就符合了之前所说的犹豫不决和矛盾的心理状态。这就意味着革命尚未成功，同志仍需努力。也就是说，这个顾客有成为你产品消费者的希望。

如果顾客在听完你对产品的介绍之后，他交叉腿的姿势消失了，那么就说明你的销售已经成功，他基本上会为你的产品买单。

所以，在日常生活中我们可以通过观察对方交叉腿的变化情况来推测对方对自己是否有戒备之心。如果一个人在最初见到你的时候就出现了交叉腿，那么就说明他对你心存戒备，但并不是完全戒备。如果在一番交谈之后，这个人的交叉腿消失了，就说明你的人格魅力已经使他放松了对你的戒备。

以上所说的是一个人采取坐姿的时候交叉双腿，那么，如果一个人站着的时候交叉双腿又说明什么问题呢?

当一个人站着的时候出现了交叉腿的现象，说明这个人处于一种非常放松和舒适的状态。在人际交往中，站着的交叉腿通常也是一种自信的表现。如果有不喜欢的人出现，那么这个人的交叉腿动作就会马上结束。

人们在独处时往往会非常放松，也最容易出现站着的交叉腿。例如，当你一个人在电梯里时，你会有一种无拘无束的感觉，或许你会自然而然地斜靠着电梯内的一侧，然后双腿交叉起来。这说明你这时非常放松和舒适。但是，如果这时有人走进来了，电梯不再只属于你一个人，而成了公共空间时，你会马上收起自己的交叉腿，然后恢复正常的站姿。

我们还可以通过观察交谈中的人是否出现了站着的交叉腿，从而揣测这两个人之间的关系。例如，有两个人正在谈话，渐渐地，其中一个人或是两个人都出现了交叉腿，而且身体微微向对方倾斜，那么就说明这两个人的关系很好，或是认识了很久的朋友。因为一个人只有在自己信任的人面前才能无所顾忌地做出站着的交叉腿的肢体动作。

站着的交叉腿虽然是一种很诚实的肢体语言，很难出现伪装，但是依然会有人伪装，以显示自己目前很放松和镇定。例如，当一个图谋不轨的犯罪分子遇到巡逻的警察时，他往往会斜靠着墙壁，然后交叉着双腿，以此来表示自己很放松和镇定，并没有因为做亏心事而紧张。犯罪分子的这种伪装常常能骗过许多没有经验的警察。

你撞拐了吗——充满敌意的“4”字腿

“4”字腿的具体表现是，将一只脚的脚踝放到另一条腿的膝盖上，整个腿部就好像一个“4”字的形状，所以被称为“4”字腿。

“4”字腿常常被认为是一种充满敌意的表现，只有当一个人看到自己的敌人时才会出现，而且他的脚尖还会对着那个人。

2011 年 5 月 12 日，美国前总统奥巴马向全世界宣布，阿富汗恐怖分子基地组织的领导人本·拉登已经被美国海豹突击队成功击毙。奥巴马的这一视频传遍了世界的每一个角落。

当时，驻扎在阿富汗的美国士兵被组织起来一起观看这个视频。在观看的过程中，有一个美国士兵做出了“4”字腿的姿势。而且，他的脚尖正对着视频上的奥巴马。这说明这个士兵对自己国家的总统充满了敌意。为什么呢？

原来对于一个美国士兵来说，在阿富汗作战是一件苦差事，没有人会自愿来这个鬼地方，每天都过得提心吊胆，说不定哪天自己就成了一具冷冰冰的尸体。所以这些驻扎在阿富汗的美国士兵想要尽快结束战争，回到美国过自己平静的生活。但是，这一切并不是他们说了算的，决定权掌握在总统手中。

其实，奥巴马很久之前就对这些远在他乡，每天都经历战火的美国士兵做出承诺，他已经开始制订撤军的计划。起初，美国士兵听到总统的这一承诺后十分高兴，但是时间长了，美国士兵快乐的情绪就渐渐变成了愤怒，因为他们感觉自己受到了欺骗，总统根本没有兑现自己的承诺，他们依然在阿富汗这个鬼地方经历着生死的考验。

于是，渐渐就有一些美国士兵对奥巴马产生了敌意。当然，这种敌意是不能表现出来的，但是，这个“4”字腿泄露了美国士兵内心的真实想法与感受。

需要注意的是，“4”字腿在公共场合一般很难见到，因为这是一种不礼貌的动作，尤其是在中国、新加坡、马来西亚等地区，人们为了显示自己有良好的修养，不会轻易做出“4”字腿的动作。

美国前总统奥巴马与麦凯恩是总统竞选时的劲敌，在竞选总统的时候针锋相对。在总统竞选结束后，奥巴马和麦凯恩“和好如初”。但是，这种“和好”只是表面上的，他们的内心深处依然憎恨着对方。当然，这一点我们无法从他们的言语和面部表情中看出，因为他们不仅在公众场合赞扬对方，而且在一起交流的时候，也总是笑容满面，一点儿也看不出来憎恨的意味。但是，奥巴马的腿和脚的姿势出卖了他真实的内心想法。奥巴马出现了“4”字腿，而且他的脚尖正对着麦凯恩，尽管奥巴马满面笑容，但实际上他并不喜欢这个曾经的政敌。“和好”只不过是做给选民们看的。

在与人进行交往的时候，如果出现了“4”字腿的动作，那么这个人的脚尖就一定会对着某一个人，这样就会让对方认为你似乎想要踢他，从而产生一种不好的感受。而且，你的脚底板也会对着某个人，会让人有一种你想把他践踏在脚下的感受，这是具有侮辱意味的。所以，在社交场合一定不要出现“4”字腿，它不仅会让其他人觉得你没有修养，而且还不利于建立良好的人际关系。

“4”字腿虽然是一种坐着的姿势，但是它来源于一种站姿，而这种站姿则来源于一种游戏——撞拐。在玩游戏的时候，人们需要把自己的一条腿抬起，然后用双手紧紧握住这条腿的脚踝处。这时，这个人的姿势就成了一种金鸡独立的站姿，然后这个人需要用另一条站立的腿跳起来，并且用那条被抬起的腿去撞击另一个人。如果你的撞击能成功地让对方放下那条被抬起的腿，那么你就是这个游戏的赢家。

这个游戏不仅简单易行，而且玩起来也十分有意思。许多男孩都喜欢这一具有攻击性质的游戏。所以，这也决定了“4”字腿的另一意义。

在美国，许多年轻男性都十分喜欢“4”字腿，因为“4”字腿可以显得自己很自信和强势。在第二次世界大战期间，德国纳粹党就十分注意本国人是否有“4”字腿的现象。因为德国是一个比较拘谨和严肃的国家，根本不会有德国人在公共场合出现“4”字腿的坐姿。所以，只要有人出现“4”字腿坐姿，纳粹党就认为这个人是美国人，就算不是美国人，也一定深受美国文化的影响。

虽然“4”字腿坐姿是美国人所独有的，其他国家的人很少出现。但是，随着美国电影和电视节目传播得越来越广泛和深入，许多国家的年轻人都深受影响。所以，许多国家的年轻人就开始模仿荧屏上美国人独有的“4”字腿坐姿。

通常，“4”字腿经常会出现在男性身上，很少有女性会采用“4”字腿的坐姿，因为这种坐姿会让其他人以为自己很男性化。但是，也有一些女性在参加一些只有女性的聚会时，会出现“4”字腿的坐姿。

尽显王者风范——大幅张开双腿

如果一个人的双腿自然张开，而且张开的范围比较大，整个人向座位后方倚靠，这种坐姿常常被认为是一种具有王者风范的坐姿。

如果有人注意观察过俄罗斯总统普京的坐姿就会发现，普京最经常出现的就是这种颇具王者风范的坐姿。俄罗斯总统普京在举手投足之间也总会给人一种王者的感觉。普京最著名的一句话是："给我 20 年，还你一个强大的俄罗斯。"而普京的政治手段也是十分强硬的。

自从普京成为俄罗斯总统以来，他就把恢复俄罗斯超级大国的地位作为奋斗的目标。为了实现这个目标，普京实施了一系列的强硬措施，如对内加强联邦政府的权力，整顿经济秩序并提高军队的实力；对外努力改善俄罗斯在国际上的地位，使人们似乎又看到了曾经强大的俄罗斯。

俄罗斯的前身苏联，有一个著名的领导人斯大林。尽管许多俄罗斯人都认为斯大林是一个独裁者，并不看好他。但是普京曾经表示过，他十分欣赏斯大林。这说明普京是一个非常欣赏硬汉形象和有着强有力领袖才能的人，从坐姿中就可以看出他的个人喜好。

普京欣赏硬汉风格的喜好还表现在他的宠物上，普京有一条爱犬，长得十分魁梧雄壮，一看就特别符合普京的心意。据美国第 43 任总统小布什回忆，小布什曾经向普京展示过自己的爱犬，那是一条体格娇小，长相也略显滑稽的狗。

普京在看到小布什的爱犬后没有做任何评价，但是小布什从普京的面部表情和眼神中感受到了轻蔑的意味，似乎是在嘲笑："这也能算狗？"对于一个十分喜欢自己宠物的小布什来说，普京的表情不仅侮辱了他的爱犬，更加侮辱了他本人，所以小布什对此一直耿耿于怀，多年之后，在自传中还特别提到了这件事。

不久后，普京就向小布什介绍了自己的爱犬，一条更威猛、更高大、更强壮的拉布拉多猎犬。

一些具有较大权力的执法人员或是军人总是会习惯性地张开双腿，因为这显示出他们占据统治的地位。有趣的是，这些人想要战胜某个人时，就会无意识地把叉开的双腿变得更宽些，认为这样有利于自己获得更多的权势。

这种坐姿还有另外一种意义，就是说明这个人正处于一种非常舒适和自然的状态，他的内心没有任何负担，情绪也比较稳定。例如，一个人独处的时候，就可能会出现这种坐姿；或者是和一些关系非常亲密的人进行交流的时候，也会采用这种舒适的坐姿。其潜在的意思就是："我现在很放松、很舒服。"

尽管这种坐姿显示了一个人处于非常舒适的状态，但是要注意场合，在一些公共场合最好不要采用这种坐姿，尤其是在一些地位比自己高的人面前，因为这是一种不礼貌和不尊重的表现。

那么，如果是在站立的时候张开双腿又意味着什么呢？

人和动物一样都十分在意自己的私人空间，不喜欢被陌生人侵犯，即使是在公共场合也是如此。但是，人在公共场合的表现比较隐蔽。

例如，当一个人乘坐地铁或是公交车时，就会展现出下意识地用腿脚维护自己的领地。这个人没有坐上座位，而是站在那里，如果人不多的话，他就会安静地站在自己的位置上。但是如果到站了，有许多人涌上来，那么这个人就会下意识地张开自己的双腿。这就是一种占领和扩张自己私人空间的反应，似乎是在说："这是我的领地，你不能侵犯。"

在两个人进行交谈的时候，如果双方出现了对峙，他们都会下意识地叉开自己的双腿。他们这样做并不是为了让自己站得更平稳，而是为了获得更多的领地，以显示出自己优越和权威的地位。

在日常生活中，你与他人交谈的时候，可以注意观察一下，如果对方的腿部出现了逐渐叉开的现象，说明这个人感到自己受到了威胁，他变得越来越不高兴，可能他觉得你的言行已经侵犯到了他。这时，你就需要想办法缓解一下变得紧张的局势。

有时候，这种叉开腿站立的姿势也可以起到控制、恐吓和威胁的作用。例如，一名罪犯曾经说："在监狱中，你的站姿决定了一切。你叉开腿站立，就说明你这个人不好欺负，可以防止受到其他人的侵犯和轻视。"

所以，如果你想要在他人面前树立自己的权威，表示自己是不容侵犯的，就可以采用这样的站姿。这样一来，你的气场就会随之变得强势起来，因为你的站姿似乎在告诉所有人："我说了算！"

第十章

小动作不能小看
——不能忽视的肢体动作

日常生活中，每个人都会有一些不由自主的小动作出现。如果你留心观察，这些小动作中，有许多都大有深意，它可以帮助你读懂别人内心的真实世界。本章将带你读懂耸肩、鞠躬、个人空间等背后的意义。

冻结、逃跑或攻击——面对威胁的反应

冻结反应

想象一下，你独自一人住在一个很偏僻的地方，天已经很黑了，但是你还没有睡觉，因为你在看一部电视剧。而且，你住的地方连你的父母以及所有熟悉的人都不知道，也就是说不会有人到这里来找你。

就在你兴致盎然地观看电视剧时，突然听到了敲门的声音，没错，是在敲你的门，而不是邻居家的。你的第一反应会是什么？或许你会说："当然是问'谁啊？'"这个反应自然会有，而且也是很正常的反应，但不是你的第一反应。

你的第一反应会是身体僵住，如果你在观看电视剧的时候正好在吃零食，那么当你听到这一声敲门的声音时，你拿零食的手或是你正在咀嚼零食的动作会突然停止。在这一刻，你所有的动作还有思维都好像瞬间冻结住了，这就是我们所说的冻结反应。

很多人都认为，在人们遇到危险或是威胁时，出于求生本能的需求，人的条件反射性的反应就是逃跑。但实际上根本不是这样，因为人的第一反应都是冻结反应，也就是我们平时所说的"愣住"。

虽然冻结反应所维持的时间很短暂，但它是一个必须经历的过程。当人们经历过冻结反应之后，才会采取一些应对方式，如拔腿就跑等。

这种冻结反应从人类还是原始人的时候就流传下来，它能够保护人类免受其他野兽的伤害。大约在一百多万年以前，原始人的足迹遍布了整个非洲大草原。那个时候，原始人的生存条件很差劲，因为他们不像狮子、老虎等凶猛的野兽具有锋利的牙齿和利爪，也不像羚羊等食草类动物具有能快速奔跑的长腿。也就是说，这些原始人面临着重重危机。但是，原始人最终还是在这种险恶的环境中生存下来了，这是因为人类的大脑帮助原始人找到了弥补自身不足的方法。这些方法中既有制造锋利的工具以保护自身，也有利用冻结反应来避免伤害。

在自然界中，有许多凶猛的野兽是不吃尸体的。因此，许多动物都会通过装死来保护自己。所谓装死，其实就是在遇到危险时不逃跑，而是保持静止不动。而人类的冻结反应其实就是一种装死的行为。除了这个原因之外，还有一个很重要的原因，那就是大多数食肉动物对迅速移动的物体十分敏感，而对于那种相对静止的物体反应十分迟钝。

渐渐地，这种冻结反应就被遗传下来，并进入了人类大脑中的潜意识层面。所以在人们面对危险的事物时，根本不用思考，就会做出冻结反应。虽然人类现在似乎已经不再需要冻结反应的保护了，但是我们依然不能小看冻结反应的作用，因为祖先们所发明的防御保护措施直到今天也依然有用。

美国哥伦布中学和弗吉尼亚理工大学曾经发生过两起校园枪击案件，在这两起案件中有不少学生伤亡，但是也有不少学生躲过了厄运。这些安然无恙的学生并不是因为运气好，而是因为他们在面对丧心病狂的杀手时，巧妙地运用了冻结反应。

当这些学生和杀手相隔仅仅几米距离时，他们出现了冻结反应，而且他们的冻结反应维持的时间很长，所以显得很镇定，从而躲过了厄运。

一个人在面对剧烈恐惧的时候,其冻结反应的时间会很长。这样一来,往往会给人一种错觉，那就是这个人好镇定啊!

例如，一群胆小的人坐在一起听一个老婆婆讲鬼故事。几乎所有的人都很害怕，并且跑了出去。但是，只有一个人还坐在那里，于是老婆婆称赞道:“你胆子真大，你看所有的人都跑了，只有你还坐在这里。”那个人很无奈地说:“不是我不想跑，而是我的身体已经吓得僵硬了，根本无法逃跑。”

除此之外，我们还可以通过观察对方的冻结反应，来推测出对方的心理感受是否舒适，从而寻找出不舒适的根源，以解决问题。

一般情况下，人的冻结反应很明显。比如，一个人正行走在路上，突然他看到了一只老虎，于是，他行走的脚步马上就会停止，这就是冻结反应，然后在短暂的停止后，他才会采取一些应对危险的措施。

但是，也有一些冻结反应是不易被察觉的，如呼吸。当一个人参加面试时，他会紧张地屏住呼吸或是只做浅呼吸，以应对威胁。或者他会一直维持同一个坐姿，这也是一种冻结反应。

FBI 探员在审讯犯罪嫌疑人的时候，就经常发现这样一种奇特的现象，犯罪嫌疑人坐在那里接受审讯的时候，会把自己的脚放在一个相对安全的位置，而且会在整个审讯过程中都保持同一姿势和位置。

后来 FBI 探员发现，如果犯罪嫌疑人出现了这种行为，说明这个犯罪嫌疑人很可能在说谎。可以肯定的是，这个犯罪嫌疑人感觉到了压力，或许是 FBI 探员的某一个问题、一句话、一个动作，触到了犯罪嫌疑人心理上的敏感点。所以，FBI 探员在发现犯罪嫌疑人的这一行为时，就会顺藤摸瓜地继续提问，以找到有价值的线索。

冻结反应还有一个重要的表现形式，就是减少曝光率。当一个人感觉受到威胁时，就会希望减少自身的曝光率，不希望其他人看到自己，希望自己变成隐形人，把自己隐藏起来。例如，当我们遇到尴尬的事情时，就会有一种恨不得找个洞钻进去的心理。实际上这种心理就是减少曝光率。

但是，这种把自己隐藏起来的想法并不现实，因为一个大活人不可能凭空消失。于是，人们就会做出一些动作，这些动作其实就是隐藏自己心理的具体表现。例如，竖起衣领或低下头，通过限制自己头部的曝光率来达到隐藏自己的目的。

在超市中，小偷们就经常出现这种隐藏自己的动作，他们这种隐藏的动作会和其他在超市购物的人形成鲜明的对比，小偷们常常会弯腰弓背，而其他人则经常做出抬头挺胸的动作。

逃跑反应

面临威胁时，人们首先会出现冻结反应。但是，当人们发现冻结反应根本无法解决所面临的威胁时，人们的身体就会做出逃跑的动作。

对于原始人而言，他们在做出逃跑动作后马上就会逃走。但是，现代人没有这种自由，因为我们会因为一些客观因素而不能逃离。但是威胁依然存在，于是人的肢体就会做出避开或是远离的动作。

当两个人正在交谈的时候，发生了不愉快的事情。于是，他们都想要离开这个不自在的情境，但是出于礼貌又不能离开。他们的身体就会出现变化。他们的身体会远离对方，双腿和双脚也会做出离开的姿势，有时还会伴随着捂脸和闭眼的动作。

我们的逃跑反应还反映在躯干的倾斜动作上。当一个人遇到自己不喜欢的人时，他的躯干就会倾斜到远离这个人的方向。不仅是人，在面对一些令自己讨厌的事物时，人们也会产生同样的反应。

在南京大屠杀纪念馆中，我们就可以看到人们的这种逃跑反应，特别是第一次参观纪念馆的人。有的人因为好奇心会向前倾斜自己的身体，但是在看清楚那些展览品之后，就会远离；有的人的逃跑反应表现得比较强烈，在看到那些展览品之后，他们明显吓坏了，立刻转身离开纪念馆。其实，这就是一种逃离令自己厌恶的事物的反应。

攻击反应

当一个人意识到自己根本无法逃脱所面临的危险时，就会采取攻击的行为，以保护自身免受伤害。也就是说，冻结和逃跑都不管用了，所以只好放手一搏。这个时候，因为威胁而带来的恐惧情绪就会发生变化，变成愤怒的情绪。

对于一个原始人来说，他可以直接去攻击对自己产生威胁的事物。但是，随着人类社会文明程度的加深，人们似乎变得越来越理智了，即使在面对威胁，想要发起进攻时，也不一定是直接的肢体进攻，如给对方一拳。

这种进攻反应逐渐升级，变成了一种没有身体接触的进攻。例如，我们平时所遇到的争吵，其实就是进攻反应的升级。

即使不会发生身体上的直接进攻，但是人们依然会出现进攻的身体姿势。躯干延伸的动作有时就代表着无声的抗拒和攻击。

有的孩子在受到父母的批评时,内心不服气,但是不能直接表现出来,于是就会做出躯干延伸的动作。如果这时他正坐在椅子上,那么他就会向后靠着椅背,并向前延伸自己的双腿。

这种躯干延伸的动作虽然表明了自己的愤怒,但是并不适合在所有的场合出现。躯干延伸的动作会让对方感觉到自己的权威受到了挑战,是一种不尊重别人的动作。

此外,躯干延伸的动作还代表着舒适。如果一个人在家里或是其他轻松的氛围中出现了躯干延伸的动作,那么就不能理解为是一种变相的攻击反应,它只是一种舒适的姿势而已。

如果两人发生了争吵,双方还会采取挺起胸膛的肢体动作,因为两人在争吵的时候,都会出现攻击的意向,但是不能直接击打对方,于是只好用挺起胸膛的动作来试图维护自己的权威。而且,这种挺起胸膛的动作有时也是打架的前奏,它能张开你的胸肌,挑衅对方的私人空间。

尽管攻击反应是人们面对威胁时的最后一种选择,但是最好还是尽量避免发生攻击。不管这种攻击行为是直接(打架、争吵)还是间接的(威胁性的肢体动作或是眼神),都会让你处于愤怒的不良情绪之中。这样一来,你的判断力和理智就会受到影响。

撒谎还是无奈——耸肩的含意

耸动肩膀是我们经常看到的一种躯干动作,但是耸肩所代表的意义很丰富。例如,当一个老板问员工问题:“你最近听到过客户的抱怨吗?”

员工或许会回答："没有。"我们不知道员工的回答是否属实，但是我们可以通过观察他的肢体语言来推测他的回答到底是不是真实的。这名员工在回答问题的时候，轻轻地耸动了一下自己的半个肩膀，动作很轻微。通过这个轻微的耸肩动作，我们可以判断出这个员工的回答是不真实的，他在撒谎。

当一个人摊开双手轻轻耸动半个肩膀时，说明这个人缺乏安全感和担当，也就是说他所说的话是不可信的，他不会对自己的话负责。

当一个人对自己所说的话确信无疑之时，他就会做出双肩耸动的动作，而且很明显。这个动作说明这个人是诚实的，同时也表明他感到很舒适和自在，并且对自己的言语和行为充满了自信心。

有时，当人们表示自己很无奈和无助时，也会轻轻地耸动肩膀，并且伴随着双手摊开的动作。所表达的意思是，当事人很无奈，没有办法。

在双肩耸动的动作中，有一种动作虽然也是双肩耸起，但是被称为双肩收缩。这是一种消极的双肩耸动姿势，表明这个人对突如其来的威胁感到恐惧，做出双肩收缩的动作其实就是一种自我保护。

双肩收缩动作的具体表现是，当事人慢慢将双肩提高到自己耳朵位置的高度，看起来就好像想要把自己的头部给收缩起来一样。外人看来，这个人的脖子好像随着双肩收缩的动作而消失了。

其实双肩收缩的动作来源于乌龟缩头的动作。乌龟的爬行速度很缓慢，也就是说乌龟并不具备一项基本的生存本领——逃命的速度。但是，乌龟仍然可以生存，因为乌龟具有坚硬的外壳。而且，乌龟还具有一种神奇的本领，那就是遇到危险时，可以自如地把自己裸露在外壳外面的四肢和头部收缩到硬壳之中，这样一来，乌龟就可以免受外界的威胁了。

其实人也一样，当人们遇到突如其来的外界袭击或威胁时，会下意识地把自己的头隐藏起来，而这种隐藏其实就是一种自我保护。毕竟头部是人类最重要的器官，在遇到危险时，人们首先要保护的部位就是头部。

在遇到危险的时候，人们往往会采用两种方式来保护自己的头部。一种是双手抱头，这是我们之前提到过的；另一种就是收缩双肩，因为人们在收缩双肩的同时，其实也是把自己的头部缩回去。

这个收缩双肩，把头部收缩回去的动作在实际用途上没有任何保护的作用，因为人类不像乌龟，可以把头部收缩到硬壳之中。但是，这种收缩的动作可以产生神奇的心理效果，当事人可以从这个肢体动作中获得一种自我安慰，也可以重拾心理层面的安全感。

肩膀收缩的动作除了在一个人遇到威胁时会出现以外，有时当一个人缺乏自信心的时候也会做出这个动作。

在一些公司召开的会议上，如果公司老板要求参加会议的人都说说自己最近取得的成就时，一些人会侃侃而谈自己取得的辉煌业绩，但是也有一些人默不作声。或许是因为这些人并没有取得辉煌的业绩，于是在面对他人的成就时就会自卑。而且，这些默不作声的人还会做出双肩收缩的动作，并且不断地抬高自己的双肩，仿佛想把自己的头部藏起来一样。

我该离你多远——人际交往中的距离

每到寒冷的冬天，野猪们都会聚集在一起取暖。野猪们聚在一起取暖的时候，总会保持一个适当的距离，因为它们身上长满了刺，如果彼此靠得太近的话，就会伤害到对方；但是如果距离太远的话，它们又会感觉到寒冷，总之结果都是不如意的。

其实，人与人之间的交往也是如此，需要掌握一个适合的度，只有这样，才能建立良好和持久的人际关系。那么，在人际交往中，人与人之间的距离就变得很重要，每个人内心都有一套有关空间势力范围划分的具体标准。

在自然界中，任何一种动物都十分在意自己的领地，它们运用各种方式来表明这个地盘是自己的势力范围。例如，有的动物会通过气味来判断是否有入侵者，如果在自己的领地中闻到其他味道，那么它马上就会警惕起来，随时准备发动进攻。

人也是一种十分在意私人空间的高级动物，如果有人没有经过自己的允许随意进入了私人领地，那么自己一定十分厌恶这个人。所以，在人际交往中，我们一定要注意保护对方的领地。当你侵犯了对方的私人领地后，再想建立良好的人际关系几乎是不可能的。

但是，有关私人领地范围大小的划分是因人而异的，通常情况下都是因为关系的亲疏远近而不同。例如，你与一个关系并不亲近的人交流时，你所要求的私人领地的范围就会很大；但是，如果你是在和朋友交流，你所认为的私人领地的范围就会相对缩小许多。

20 世纪 60 年代，美国空间关系学创始人爱德华 · 霍尔专门研究了人在划分空间势力范围时的具体标准。霍尔通过大量研究总结出了人在划分空间势力范围或距离时的四种主要类型：

0 ～ 45 厘米的范围属于亲密空间。通常情况下，父母、配偶、子女、关系亲密的朋友可以随意进入这个范围，而且不会引起当事人的敌意和厌恶感。

45 ～ 120 厘米的范围属于个人空间。通常情况下，朋友、同事和熟悉的人进入这个范围，不会引起当事人的警惕和防御。

120 ～ 360 厘米的范围属于社交范围。通常情况下，我们会在这个范围内和一些不熟悉的人打交道，如送快递的工作人员或是问路的陌生人等。如果陌生人超过了这个空间范围，那么不仅会引起当事人的反感，还会使当事人提高警惕性，因为当事人很可能认为这个人对自己图谋不轨。

360 厘米以上的范围属于公共空间。如果一个人在距离你 360 厘米之外活动，你完全不会有被侵犯的感觉，不仅不会引起你的警惕，你甚至都不会注意到他的存在。例如，即使一个身穿大猩猩服饰的人在距离你 360 厘米之外走过，你或许都不会注意到这个人怪异的服饰。

霍尔通过研究所得出的这个结论适用于不同的文化背景和不同的生活场合，如一个陌生人没有经过许可，是不可能随意进入当事人的个人空间的，也就是说这两人之间的距离必须保持在 120 厘米以上。

但是，如果是关系比较亲密的人，他们之间的距离超过了 120 厘米，那么则说明这两个人之间的关系出现了某种破裂迹象。例如，一对情侣如果他们上街时彼此之间的距离超过了 120 厘米，那么他们之间一定出现了危机。

人与人之间的空间距离是必需的，如果你随意闯入他人的私人空间，不仅会引起当事人的不满，还会引起周围人的猜疑。例如，如果一名女员工总是经常随意闯入男上司的私人领地，那么周围的人会认为他们之间的关系很暧昧。

虽然霍尔得出来的这个结论适用于许多场合，但是在有些特殊的场合并不适用。例如，公交车、地铁、电影院或是电梯等公共场合。你如果正在乘坐地铁，周围挤满了陌生人。那么，大家之间的距离肯定都是亲密空间的距离，这是客观因素造成的，大家只能接受对方进入自己的私人领地。

那么，私人空间的范围会不会因为性别的不同而有所差异呢？为了证明这个假设，相关研究人员还专门设计了一个实验。

这个实验的具体步骤就是，让一个人从正面不断地接近一个陌生人，当被接近的人内心感觉到不舒服或是做出一些防御性的肢体动作时，这个不断接近的动作会暂时停止，然后实验人员开始测量两人之间的距离，并把这个数据当作一个人能够容忍陌生人入侵自己私人空间的最大距离。

实验一共划分为四个阶段：第一个阶段是让一名男性实验者不断地从正面接近一名女性，直到这个女性想要离开时，这名男性才停止不断接近的动作，这时研究者测量的最大距离为 1.35 米；第二个阶段是让一名男性实验者不断地从正面接近一名陌生男性，研究者测量的距离是 1.14 米；第三个阶段是让一名女性实验者不断地从正面接近一名陌生女性，研究者测量的距离是 1.05 米；第四个阶段是让一名女性实验者不断地从正面接近一名陌生男性，研究者测量的距离是0.88米。

通过这个实验所得到的数据中我们可以看出，女性容忍同性进入自己私人空间的程度明显比男性要好些；女性容忍异性进入自己私人空间的程度明显比男性要差些。

私人空间的范围还代表着一个人的安全感。当我们被其他人侵犯私人空间时，我们除了会感到愤怒和厌恶以外，还会伴随着危机感，并且做出防御性的准备，如提高警惕或是做出防御的肢体动作等。

如果一个人的私人空间范围很大，说明他的安全感比较低，而且很容易被人冒犯和发火；如果一个人的私人空间范围很小，那么说明这个人的安全感比较高，不容易发火。

美国精神科医生琴扎尔做过这样一个实验：他分别对八名杀人犯和八名普通犯人进行私人空间范围的测试。测试的方式是让测试者朝着犯人走去，直到犯人阻止时才停下来，而测试者所站的位置与犯人所站的位置之间的距离就是犯人私人空间的边界。

实验的结果是，这八名杀人犯的私人空间范围平均为2.72平方米；而八名普通犯人的私人空间范围平均为0.65平方米。

这个实验结果表明，杀人犯所需要的私人空间范围明显高于普通犯人，而且是普通犯人的四倍。这就说明，杀人犯更容易因为他人入侵自己的私人领地而愤怒，从而做出一些过激的行为。

既然每个人都有属于自己的私人空间，而且不允许他人入侵，那么当有人入侵时，人们一般都会做出什么样的举动呢？通常情况下，人们在肢体上都会出现相应的反应，并且手臂反应很明显。

当一个人的私人领地被侵犯时，首先会做出防御的动作，这时人们会用自己的手臂去防御。例如，两个人打架时，人们除了会用手臂进攻以外，在面对对方的进攻时，也会用手臂遮挡住自己的头部和前胸，这种遮挡的动作其实就是一种自我保护和防御。

除此之外，人们的腿脚往往也会做出进攻的姿势。但是如果意识到对手是不可战胜的，人们就会因为恐惧而放弃自己的私人领地，出现逃跑的反应。

图书在版编目（CIP）数据

心理学与微反应/李娟娟著. —4版. —北京：中国法制出版社，2020.4

ISBN 978-7-5216-0890-8

Ⅰ. ①心… Ⅱ. ①李… Ⅲ. ①反应（心理学）-通俗读物②身势语-通俗读物 Ⅳ. ①B845-49②H026.3-49

中国版本图书馆CIP数据核字（2020）第030138号

策划编辑/责任编辑：陈晓冉（chenxiaoran2003@126.com）　　封面设计：周黎明

心理学与微反应

XINLIXUE YU WEIFANYING

著者/李娟娟

经销/新华书店

印刷/三河市国英印务有限公司

开本/710毫米×1000毫米　16开　　印张/12.25　字数/176千

版次/2020年4月第4版　　2020年4月第1次印刷

中国法制出版社出版

书号 ISBN 978-7-5216-0890-8　　定价：39.80元

北京西单横二条2号

邮政编码 100031　　传真：010-66031119

网址：http：//www.zgfzs.com　　**编辑部电话：010-66071900**

市场营销部电话：010-66033393　　**邮购部电话：010-66033288**

（如有印装质量问题，请与本社印务部联系调换。电话：010-66032926）